正義はいつも寡黙

やなせたかし

◆正義
總是寡言的

讀小說
Reading Novel

能面檢察官

中山七里

瑞昇文化

一、面無表情的檢察官

表情のない検察官

1

「我不需要妳這種事務官，出去吧。」

惣領美晴有生以來還是第一次被人這樣指著鼻子罵，當場僵硬得像是化石。

她才剛通過大阪地檢的檢察事務官採用考試，結束研習、分發到她眼前這位檢察官的麾下。跟自己未來要輔佐的檢察官還處於才剛要打招呼的階段，結果就被判定沒資格當事務官。這到底是怎麼一回事？

美晴也有自己的尊嚴。想成為檢察事務官，不只要通過國家公務員一般職考試，還得通過各檢察廳的採用考試，在這世間可以說是一關又一關的窄門。就算自己只是剛錄取的菜鳥，也不能毫無理由就要她走人。

「請問我是哪方面不適合擔任事務官？」

美晴以慷慨就義的心情質問對方，但這位檢察官連眉毛都不挑一下。

不破俊太郎一級檢察官。雖然還不清楚他的年紀，但從外表來看應該是坐三望四，頭髮一絲不苟地向後梳得極為服貼，身上穿著剪裁合宜的西裝，打扮得無懈可擊。但更加無懈可擊的是他的表情，就連要美晴離開時也只是動了動嘴唇。眉目等用來表現情緒的臉部器官簡直就跟雕像一樣，紋絲不動。

「並不是說妳不適合擔任事務官，而是妳不適合當我的副手，所以才要妳離開。」

「還請您說明清楚。」

「四次。」

「咦？」

「自從進到這個房間後，妳的表情變了四次。最初是緊張，接著是好奇地東張西望，隨即認為我這個人不好相處，一時有些手足無措，然後又覺得這樣不好，只好強裝鎮定。」

美晴聽得冷汗直流，因為不破完全窺見了她內心深處的想法。

「事務官必須與檢察官一起偵訊嫌疑人。不只嫌疑人，也必須聽取與嫌疑人有共犯關係的人、或是想讓嫌疑人接受法律制裁的相關人士所提供的證詞。對方會觀察審訊者的表情，藉此判斷我們的洞察力與心中所想。妳認為什麼都寫在臉上的人能勝任這份工作嗎？」

這麼說倒也是。美晴被堵得一句話也說不出來。

「然後是現在，妳被我戳中痛點而動搖，正絞盡腦汁思考要怎麼度過眼前的難關，或是該怎麼保護瀕臨崩壞的自我。因為這麼一點點的指責就在案件關係人面前露出如此狼狽、脆弱的模樣，也足以證明妳不適合當檢察事務官。」

他說的每句話都刺進了美晴的胸口。不破的雙眼始終緊盯著自己不放，彷彿在衡量她的受傷程度。明明不是瞪著她看，她卻怎麼也無法移開目光。

簡直就像是蛇的眼神。

「當然，這只是我個人的職業要求，其他檢察官不見得會跟我一樣。所以不要跟著我、改去襄助其他檢察官的話，或許妳更能得到大展拳腳的機會。我要妳離開這裡其實是這個意思。妳可以理解嗎？」

可以。

腦袋不由自主地垂了下去。

「理解了就馬上離開吧。妳一直站在那裡只會造成我的困擾。」

恥辱與憤怒在腦海中沸騰，手腳冰涼，感覺血液完全傳遞不到四肢。

美晴慢慢地轉過身去，背對不破。

就在這個時候，美晴突然想起一件事。

為了通過國家公務員考試，她到底花了多少時間、犧牲了多少樂趣啊。自己對法律的世界確實有所嚮往，對將來的野心也與一般人無異。

好不容易真的要跨出第一步了，怎麼能只因為一個人的評價就退縮呢。只要不破向人事單位提出申請，大概馬上就能幫她換個配屬單位吧。但是第一份工作就沾上污點的話，那個污點就會跟著自己一輩子。更重要的是，在那之前她的自尊心就會被重傷。

她可以理解。

然而，美晴停下腳步，再度轉身面向不破。

「恕我無法接受。」

誰要因為這麼一點點的挫折就摸摸鼻子走人啊。

「還沒交付我任何第一線的工作就做出這麼武斷的批評，我沒辦法接受。而且事務官的研習也沒有教我們如何控制自己的表情。」

「沒有教就做不到嗎？最近來報到的事務官都說了跟妳一模一樣的埋怨。甚至沒發現這麼說只會讓自己顯得更沒價值。」

「不破檢察官也是那種用一句寬鬆世代◆就一竿子打翻我們這個世代的人、還因此自鳴得意的類型嗎？」

內心的另一個自己正警告著美晴說得太過分了，可是她已經停不下來了。誰叫對方先說出了更過分的話。

「沒有教就不知道該怎麼處理，聽起來或許很像藉口也說不定，但我只要學過一次就不會忘記。所以只要檢察官能夠指導我，我一定會成為優秀的戰力。」

表達想法的同時也不忘宣傳自己。雖然當下有點自暴自棄，不過也沒忘了戰術。要是這招還行不通的話，頂多再想想別的辦法就是了。

默默地等待對方的反應，然而還是無法從不破的表情讀出任何情緒。

不一會兒，他只動了動唇瓣。

「試用期三個月，然後再來判斷適不適任。」

◆泛指在特定時期因為國家教育政策與學習綱領改變後，接受內容刪減、強調新思維學習的世代。但也因此讓年紀較長的一輩認為這個世代的年輕人在學習、工作、社會性等範疇的能力有所下滑，不如過往的世代。

看樣子他接受自己的據理力爭了。美晴鬆了一口氣，但事情可沒這麼容易。

「還有，優秀是檢察事務官的基本條件。把理所當然的事講得這麼得意洋洋實在很丟臉，希望下次別再這樣了。」

美晴離開不破的辦公室後就直接走向了刑事部。她打算先研究一下不破承辦的案件。初次見面就碰了一鼻子灰固然令人一肚子怨氣，但也只能靠今後的工作表現來讓他刮目相看了。

研習時教的內容顯然不是全部，檢察事務官的工作是包羅萬象的。跟案件紀錄相關的事務自然不用多提，就如同不破所說的，訊問犯罪嫌疑人、書狀的聲請及執行、提出勘驗證物的要求等都是事務官的工作。真要說的話，成為檢察官的手腳、搞定所有雜七雜八的瑣事，即為事務官的存在理由。再加上訊問嫌疑人時，一字不漏地將檢察官審訊的內容全都輸入到電腦裡也是事務官的工作，因此的確如字面上所說、是相當於手腳的角色。

前往刑事部的途中，有張熟面孔從走廊的另一頭走來。

「哎呀，惣領小姐，辛苦了。」

「您辛苦了，仁科課長。」

雖然女性在職場的地位提升和男女雇用機會均等法在社會上鬧得沸沸揚揚，但檢察官的世界基本上還是以男性為主的社會，所以基本上幹部職位都是男性。仁科睦美總務課長是其中寥寥無幾的女性課長，因此美晴自認為她們是同一國的。

雖然只有短短幾天，但仁科也帶過剛畢業就入廳的美晴。她是個很照顧人的上司，所以美晴非常喜歡她。尤其前一刻才吃了不破一頓排頭，這讓美晴更懷念仁科了。

「瞧妳的表情。」

語聲未落，仁科已經用雙手捧住美晴的臉龐。

「簡直就像年底背了一堆債務的人呢。哈哈哈，不破檢察官到底對妳說了什麼啊？」

檢察廳這種地方究竟是不是會讀心術的人聚集的巢穴啊。還是說自己的表情真的完全藏不住祕密？

「您怎麼知道？」

「因為妳的臉就跟石蕊試紙一樣啊。表情會隨前一個遇到的人瞬息萬變。」

「我今天是第一次見到不破檢察官，對他既不喜歡也不討厭。」

「妳絕對不是第一個見過不破檢察官後就讓臉上烏雲密布的人。」

仁科搖搖手，像是在要她別放在心上。

「跟喜不喜歡無關，而是我們很難理解那個人究竟在想些什麼，所以大家都感到很不安。」

「大家，是指大阪地檢的人嗎？」

「豈只，是見過他的每一個人。包括嫌疑人、案件相關人、律師、法官。不過，硬要說的話，這也像是不破檢察官的武器。」

「課長，可以耽誤您一點時間嗎？」

美晴往周圍看了一圈，然後把仁科帶到這層樓的角落。可不能在走廊正中央討論直屬上司的閒話。

「麻煩您告訴我，不破檢察官是個什麼樣的人？」

「這個問題沒有定見喔，就是妳看到的那樣啊。對別人很嚴格、對部下很嚴格、對同事也很嚴格。」

「對其他檢察官也是這樣嗎？」

「雖然那個人不會表現在臉上啦，但是從他的言行舉止就可以看出他確實認為有些人不夠敬業。」

仁科窺探美晴的反應。

「妳想知道得更詳細嗎？」

「願聞其詳。」

「這不算是說壞話，所以也不怕別人聽見，但畢竟是在背後談論這些事情，萬一被聽見了還是很麻煩，我們到沒人的地方聊吧。」

這次換仁科帶頭移動到這層樓角落的吸菸區。一走進去，滲入牆壁的菸味就撲鼻而來。美晴不抽菸，感覺如坐針氈，不過也因為這個原因篩選了會進出這裡的人士，所以是最適合密談的場所。

「我大概可以想像發生了什麼事，不破檢察官是不是說妳沒資格當事務官？」

「沒錯。他說像我這種馬上就讓情緒表現在臉上的人不適合當檢察事務官。」

「這句話基本上沒有錯，可是你們兩個都太極端了。我剛才也說過，打從在我底下研習開始，惣領小姐就跟石蕊試紙沒兩樣，與不破檢察官正好相反。不破檢察官認為他那樣才是正確的，因此妳的率直在他眼中更顯得格格不入。」

仁科以略帶同情的口吻說道，但是美晴反而動氣了。

「既然您知道會是這樣，為什麼還把我分配到不破檢察官底下呢？」

「這也不能怪我呀。讓誰跟誰配合是人事課的決定。我只是一五一十地報告每個人的適性與個性。至於要怎麼分析、又要和誰搭檔，全部都在他們的一念之間。」

仁科似乎所言不假。但也正是因為如此，美晴才更不能接受。

進入檢察廳沒多久，美晴就深刻地感受到檢察廳這個機關是個非常重視效率的地方。應該不只大阪地檢，光是一個地方檢察廳要處理的案件就堆得像山一樣高。再加上職員人手有限，每個檢察官要承辦的案件數量可說是多不勝數。講究效率是必然的結果，因此每起案件可以分配到的人力及時間也都極為有限。

在這種情況下，如果檢察官與事務官的作風不一致的話就很致命了。要是在意見溝通方面產生齟齬，不僅會影響到工作，某些情況下甚至連檢察官和事務官雙方的心理健康都會產生問題。身為組織的領導者，讓志趣相投的人組成搭擋應該才是最明確的選擇。

「可是啊，我也認識人事課長，他是個會仔細思考哪種個性要搭配哪種個性的人喔。至少不會將剛畢業、還充滿理想的女性事務官推入火坑。」

「但是我們兩個很極端不是嗎？」

「人跟人合不合得來並不是只有性格上的問題喔。性格完全相反，但感情融洽的搭擋要多少有多少。畢竟還有一種東西叫志向。或許不破檢察官的職業倫理和惣領小姐意外相近呢。再說了，不破檢察官的面無表情與其說是出於性格，更像是一種手法。他應該告訴過妳，表情太豐富就會被嫌疑人看穿底細吧？」

「他說過。還說不光是嫌疑人，但凡所有的偵訊對象都會觀察我們的樣子之後才決定要採取什麼態度。問題是事情有這麼單純嗎？」

「與其說是單純，不如說人類一受到追究就會緊張，然後心理就容易傾向某一邊吧。不是從實招來、就是說謊到底。而且人的心裡在想些什麼會很容易就表現在臉上，這也是事實。不是有滿坑滿谷與表情有關的成語嗎？像是以眼傳情、頤指氣使、愁眉不展等等。所以不破檢察官徹底擺出一張撲克臉也是很高明的手法喔。」

「這種手法有效嗎？」

「有效吧。至少不破檢察官一瞪眼，惣領小姐就被嚇得瑟瑟發抖不是嗎？」

「這個嘛……倒也是。」

「至於為什麼會嚇到發抖，無非是因為妳看不透他，但是他卻好像完全知道妳在想什麼、因而產生了恐懼心理。這點在審問嫌疑人或法庭攻防時非常有效。因為雙方都在互相試探，如此一來，當然是不讓對方知道自己在想什麼的人比較有利。」

美晴也明白這個道理。就像打撲克牌這類心理戰遊戲時，先沉不住氣的人會落居下風。只要別讓對手知道自己手中有什麼牌，就能持續處在優勢。

「事實上，刑事案件的有罪判決率高達百分之九十九點九，所以很少用具體的數字來判斷承辦檢察官的個人成績。儘管如此，還是有很多人認為不破是大阪地檢首屈一指的檢察官喔。他留下的傳聞軼事也不少。」

「像是哪些事情？」

「主要都是跟訊問或公開審理有關的事情。例如有個藥頭因為違反覺醒劑取締法被捕，轄區的刑警花了整整兩天的時間偵訊，可是嫌疑人始終堅持自己無罪，結果一移交地檢、由不破檢察官負責審訊，不一會兒對方就全盤認罪。從頭到尾只花了一個小時。這也讓負責偵辦此案的刑警顏面掃地。」

「他是怎麼訊問的？該不會是做了連轄區刑警都不敢嘗試的嚴刑拷打之類的吧？」

「當然不是。別說動手，聽說根本也沒問幾個問題，對方就招了。」

「他是怎麼讓嫌疑人招供的？」

「據說他就像這樣、就只是直勾勾地瞪著對方。無論嫌疑人是虛張聲勢，還是想顧左右而言他，或是阿諛奉承，他都用那張表情肌分毫未動的臉死盯著對方。但凡供詞有百分之一的出入都逃不過他的法眼、矛盾也無所遁形，以宛如錄音筆的正確程度精準無誤地重複對方供述的內容。接著一一斬斷對方的退路，將嫌疑人逼入絕境。然後繼續面無表情地瞪著對方。」

美晴想像那個畫面，暗自心驚。若是自己站在嫌疑人的立場，面對不破的沉默攻勢或質問大概連三十分鐘也撐不過。那種毒蛇般的眼神絕對足以喚醒對方的不安及恐懼。

「在寢屋川攻擊路過女性並將其殺害的男人，到了不破檢察官面前也跟小孩沒兩樣。那個男人仗著缺乏足夠的物證，在接受轄區員警的偵訊時態度可從容了。然而一對上不破檢察官就立刻失去冷靜。臉色大變、汗如雨下，簡直蔚為奇觀。」

「這次也是一直瞪著對方看嗎？」

「再加上被害人的照片。他將被害女性的遺體照片放大，貼滿牆壁和天花板。無論嫌疑人轉到哪個方向，屍體都會進入他的視野。這時不破檢察官再把被害人笑得燦爛如花的照片抵到嫌疑人面前，用非常非常低沉的聲音繼續訊問。結果這個嫌疑人也在一個小時後就投降了。」

「……您好像習以為常了。」

「然後就是在法庭上，我甚至還會覺得與他對峙的辯護律師比較可憐呢。惣領小姐，妳在研習時應該也旁聽過幾次法院開庭吧？」

「是的。」

「如妳所知，實際開庭時，檢察官和辯護律師並不會針鋒相對地展開辯論，基本上都是書面上的攻防戰。問題是不破檢察官非常擅長找出對方答辯書的漏洞，而且他的論證都非常刁鑽犀利，所以原本泰然自若的辯護律師經常會突然方寸大亂。」

「只是文件的缺漏被指出來，有必要慌亂成那樣嗎？」

「因為律師的自尊心比天還高。或許妳也聽說過，司法考試成績排在前面的人，首先會希望進入法院服務，其次是檢察廳，理由都是一樣的，因為公職比較穩定。如此一來，律師在檢察官面前難免會抱持情結。」

這句話要是給律師聽到了，想必會氣得跳腳吧。不過仁科也不是信口開河，所以美晴還真不知道該怎麼回答比較好。

「基於這樣的情結，律師無論如何都要守護自己的尊嚴，所以一旦在法官或旁聽人面前被檢察官指出自己的疏忽，想避免氣急敗壞地犯下一堆平常絕不會犯的低級錯誤也是很不容易的。走到這一步，不破檢察官就贏定了。這是不破檢察官最常採行的勝利手法，他會徹底地擊垮對方，讓對方過了好幾天都振作不起來。對於這樣的人，我這輩子都不想與他為敵。」

「所以他是大阪地檢的王牌，對嗎？」

「也有人這麼稱呼他。不過他本人倒是完全不為所動。就連次席檢察官◆稱讚他的時候，他連笑也不笑一個，所以才會被冠上那樣的綽號。」

「是什麼樣的綽號？」

仁科又往周圍看了一眼，確定沒有其他人。

「千萬別在他本人面前提起這個綽號喔。」

「我才不會說呢。」

「因為他一天到晚都板著臉，所以大家私底下都叫他『能面◆』。」

◆相當於台灣的襄閱主任檢察官，負責對外發言，對內代表檢察長領導統御檢察官辦案。

◆日本傳統藝能「能」使用的面具。種類繁多，戴上能面的能樂師必須藉由各種細緻的演技去呈現出角色的情感變化。後世也引伸出「宛如能面」、「能面臉」等表示表情毫無變化的形容詞。

2

人們都說工作與其說是要學習，不如說是要去習慣。雖然美晴到任的第一天就吃了不破一頓排頭，但是兩、三天過去後，美晴已經不再那麼排斥對方。但也僅止於此，不代表兩人之間有任何破冰的對話，也不表示她就能接受不破這個人了。

美晴也知道聊些無可無不可的日常瑣事有助於讓職場人際關係更加圓滑，所以她也曾試過主動出擊。政治、經濟、體育、娛樂、法律問題……什麼話題都可以。總之先打開僵局，讓雙方習慣交談——簡直就跟面對患者的心理諮商沒兩樣。但既然連最基本的溝通都有問題，也只能從這裡開始了。

然而就某種意義來說，不破這個男人比緊閉心門的病人還棘手。他比美晴更清楚她想說什麼。能在第一時間給予反饋這點倒也不是什麼壞事，但是因為表情毫無變化，反而是美晴不知該做何反應才好。

「妳的意思是說……一開始就應該排除那些會因為看到刺激性過強的遺體照片而產生心理壓力的陪審員嗎？」

「是的。承受不了這種壓力的陪審員很容易喪失理性判斷力。做出判決後，這一類的陪審員可能還會反過來控訴法院害他們留下精神創傷。所以我認為開庭前最好先透過性向測驗選擇適合的陪審員。」

「聽起來很合理，但其實妳說的完全不合理。我承認陪審員制度還不夠完善，但至少在現行制度下運作時應該尊重它的基本理念吧。」

不破說得行雲流水，不卑不亢。面無表情似乎也反映在他的語氣上，說出來的話沒有半點溫度。

「看到遺體照片會感受到壓力是生理上的問題，這並不表示這個人的身心狀態沒資格當陪審員。不光是一般市民，有些檢察官或法官看到遺體也會出現生理性的排斥感。但是他們依然兢兢業業地執行自己的工作，因為他們認為那種程度的負擔還在合理的範圍內。倘若在陪審員的資格加上生理性的條件，接下來有可能又會產生政治思想或宗教信仰方面的不適任問題。妳連這麼簡單的道理都不懂嗎？」

幾近痛罵的說法。但真正令人痛苦的是不破始終面無表情。看不出他的情緒，也無從揣測他真正的想法，導致聽的一方陷入疑神疑鬼的窘境。

因為他凡事都是這副德性，光是平常的對話就讓美晴感到心力交瘁。也難怪在美晴之前的事務官都陸陸續續敗下陣來。

但這些都是職務之外的問題，即使再不願意，她也見識過不破的能力。

「去初件了。」

不破話一說出口，美晴就上緊了發條。

犯罪嫌疑人被捕後會移送到檢察廳，由承辦檢察官進行訊問，再決定要不要起訴——以上初次由檢察官向嫌疑人詢問案件相關問題的作業就稱為「初件」。

偵訊內容與轄區員警大同小異，但是要不要起訴，最終的決定權還是在檢察官手上，而嫌疑人也知道這點，所以會特別慎重。檢察官必須從態度謹慎的嫌疑人口中問出有利於判決的供詞，製作成訊問筆錄。

美晴之所以上緊發條，是因為偵訊嫌疑人的工作可能會落到自己頭上。

承辦檢察官手上隨時都有好幾個案件同時進行，一天之內往返於檢察廳和法院間亦是家常便飯。這時如果還要由檢方進行調查，就會由副手，也就是檢察事務官代為訊問嫌疑人。與嫌疑人相關的部分，無論是由警察、檢察官、還是檢察事務官審訊並製作筆錄，都具有相同的證據能力。

除非是相當重大的案件，才會以廂型車單獨護送一個犯罪嫌疑人過來。否則都是跟其他嫌疑人一起用護送巴士載來，到了之後先在候審室等候，再依序叫進檢察官辦公室問話。

這一天，不破負責偵辦的是一起女童命案。嫌疑人名叫八木澤孝仁，三十二歲，無職。

三月十五日，住在大正區泉田的上班族瀧本峰雄年僅八歲的次女留美到了傍晚仍未回家，於是瀧本夫婦向離家最近的派出所通報協尋。大正署的員警花了一整個晚上展開搜索，最後在公園的樹叢裡發現留美慘遭勒斃的遺體。

大阪府警立刻於大正署成立搜查本部，並且聯合該署展開地毯式調查，憑藉少許遺留在現場的物品以及深入當地的查訪，最後才鎖定了八木澤。

八木澤有前科。大約在八年前左右，他綁架了放學途中的小學女童，監禁在自己家裡。當時並未傷害也沒有殺害女童，但是經由這次在他家中扣押的雜誌及光碟就不難看出，八木澤的戀童傾向毫無改變。

再加上八木澤並沒有案發當天的不在場證明。他說自己待在網咖，但是網咖的顧客管理系統沒有他當天的使用紀錄，所以不在場證明完全不成立。

搜查本部認為八木澤就是兇手，於三月二十九日拘留了八木澤。但是過了兩天仍無法讓八木澤招供，只好在證據不足的情況下移交地檢。

美晴進檢察廳前也在媒體上看過留美小妹妹的事件報導。年過三十的無業人士與女童是極為司空見慣的組合，只是她做夢也沒想到，自己竟然會負責這起命案。

「八木澤似乎徹底對警方行使了緘默權。」

美晴看著大正署送來的訊問筆錄說道。犯罪手法並不特別，可是當自己像現在這樣站在負責命案的立場，不免也再度對犯人及其所作所為感到義憤填膺。心想一定要起訴他，讓嫌疑人接受法律的制裁。

但是從不破口中絕無可能聽見這種帶有執念的話。

「徹底行使緘默權是因為他經過上次的案件後就記住了警方的偵辦手法。戀童的興趣沒有改善，面對警方的態度倒是改變了。犯罪者也是有學習能力的。」

沒多久後，八木澤被帶進了辦公室。儘管被手銬和腰繩限制行動，同時一旁還有警察戒護，不過美晴還是感到非常緊張。

「我是承辦本案的檢察官不破，請坐。」

看來嫌疑人也一樣緊張，八木澤露出惴惴不安的眼神，坐在不破的正前方。雖說已經三十二歲了，但因為他長了一張娃娃臉，所以看起來還不到三十歲。長相偏中性，所以看在被害女童的眼中，會覺得他是個「溫柔的大哥哥」也並不奇怪。

或許已經看得很熟了，不破把警方的訊問筆錄放在桌上，並沒有打開。

「你是八木澤孝仁，三十二歲，地址為大正區泉田五之三，沒錯吧？」

「沒錯。除了殺害小孩以外，那上頭寫的內容都沒錯。」

這個男人犯下那麼嚴重的罪行，居然還如此泰然自若——美晴反芻八木澤的回答，在心裡不滿地犯嘀咕。

進行檢方偵查前，美晴也看過警方的訊問筆錄。從筆錄中可以看出八木澤那尚未成熟的精神面以及依賴成性。

八木澤孝仁自私立大學畢業後，進入東京的保險公司上班，然後不到一年就辭職了。回到大阪的老家後也沒有再找工作，依附著母親和妹妹過活。即使引發先前的案件，服刑出獄後的生活型態也沒有任何改變。

他把女童監禁在跟母親和妹妹同住的家裡，也是讓這起案件備受矚目的原因之一。當時接受警方訊問時，母親和妹妹都堅稱自己對此事毫不知情，但是有個素未謀面的女童被監禁在同一個屋簷下，一無所知才更不合理，因此兩人也受到輿論的抨擊。警方也考慮過以藏匿犯人及湮滅證據的罪名將她們移送法辦，不過礙於證據不足，所以不了了之。順帶一提，當時也是由大正署負責偵辦這個案子。正因為如此，留美小妹妹的命案對大正署的警官而言，無疑是在先前的舊傷上撒鹽。

「你說你沒有殺死瀧本留美小妹妹？」

「八年前的事已經讓我得到教訓了。我帶那孩子回家只是想跟她當好朋友，可是世人和警察竟然把我形容成一個禽獸。當時萌文化尚未發達，所以大家還無法理解我高尚的興趣。」

在他家裡扣押的雜誌和光碟全都是幼兒性愛相關的內容。美晴從未覺得自己特別有精神潔癖，但是看到搜查資料中的扣押物品清單時，還是打從心底感到不舒服。當然也無法理解八木澤稱其為高尚興趣的心態。

「這次我會被逮捕也是因為發生過先前那起事件，但上次那件事已經讓我受夠教訓，所以我不可能再重蹈覆轍。而且這次是個女孩被殺害了喔。我是喜歡賞玩年幼的女孩，但是殺死對方的行為完全與我的興趣背道而馳。」

美晴聽得一把火都上來了。悄悄地瞥了不破一眼，只見他依舊面無表情，就連是氣憤還是冷笑都無法判斷。

「你的意思是說，你不可能殺死自己的興趣對象嗎？」

「對，這種事不是理所當然的嗎。」

「可是如果這個興趣對象不聽你的話，由愛生恨也不是沒有可能。」

不破提出反對意見，八木澤一時半刻答不上來。

「或許也有那種情況，但我不是那種人。」

「你以前就認識留美小妹妹嗎？」

「我們就住在附近，當然多少聽過她的名字，也認得她的臉。」

「你對小孩子感興趣對吧。沒想過要跟她說說話嗎？」

「別開玩笑了，檢察官大人。我說過好幾次，先前的事已經讓我學到教訓了。接觸三次元的女孩子會出大事的，更重要的是，左鄰右舍也都會緊盯著我的一舉一動。所以我現在都以二次元的小女生為對象。

如果以二次元為對象，不管我對誰做什麼，都不會礙到任何人。」

「這點並不正確。現在已經有〈兒童買春、兒童色情相關行為等規制與處罰暨兒童保護等相關法〉了。」

美晴在心中大呼痛快。雖然與上司不對盤，但不破確實說得很好。果不其然，八木澤的表情不爽地僵在臉上。

「話題先回到這次的事件。留美小妹妹的遇害時間為三月十五日的傍晚到隔天早上之間。」司法解剖的相驗報告指出，推定死亡時間為晚上九點到十一點之間。之所以不告訴八木澤，是期待他能自己「露出馬腳」。

「第一次接受警方偵訊的時候，你供稱那段時間人在網咖。但是店家那邊的資料裡並沒有你的使用紀錄。關於這一點，你怎麼解釋？」

「我也對刑警說過了，那是一場誤會。」

八木澤面不改色地回答。

「因為我每天做的事都一樣，又沒在管理自己的行程，誰會一一記得兩週前做的每件事啊。」

「既然你每天做的事都一樣，昨天做的事和兩週前做的事應該也一樣不是嗎？」

沒有回答。但不破不以為忤，繼續他的訊問。

「我不想聽到你謊稱是拿別人的會員卡去網咖的，所以這裡先告訴你，你常去的那家網咖整層樓總共設置了八台監視器。包廂裡另當別論，除此之外的走道及入口全都在監視器的攝影範圍內。然而從案發當天到第二天都沒有拍到你的身影，足以證明你沒有去那家網咖。那麼，你人在哪裡？」

這個問題也得不到回答。八木澤始終閉緊嘴巴，或許是想利用緘默權迴避對自己不利的部分。但是從他的表情可以看出，他十分在意不破的反應，正試圖解讀不破心裡在想什麼。

問題是不破也沒有任何反應，八木澤顯然相當困惑。這也難怪，警察對他的審訊大概與恫嚇無異，所以不破完全不走尋常路的訊問方式肯定令他一頭霧水。

「你沒聽見我的問題嗎？那我再重複一遍。那段時間，你人在哪裡？」

被不破直勾勾地盯著看，八木澤反射性地移開了視線。那是選擇逃避的瞬間。

可是不破並沒有要窮追不捨的樣子，還是繼續用那張面無表情的臉與他對峙。美晴完全猜不透不破在想什麼。如果要逼問對方，現在就是最好的機會。偵訊的目的不就是要找出證詞的破綻，藉此逼嫌疑人吐實嗎？

退縮的八木澤鬼鬼祟祟地偷瞄不破。看到這個人依然面無表情，比起鬆了一口氣，反而更讓他疑心生暗鬼。

另一方面，不破就像完全掌握對手心裡在想什麼的棋士，目光炯炯地看著八木澤。

「那我換個方式問好了，這個問題對你來說應該很簡單。」

或許是有了點興趣，八木澤慢條斯理地抬起頭來。

「你，真的沒有殺害留美小妹妹嗎？」

不破詢問的語氣與之前有所不同。

有沒有搞錯？美晴心想。一般來說，這時應該要用「人是你殺的吧」去逼問對方才對吧。然而更令人驚訝的是八木澤的反應。只見他雙眼圓睜，表現出至今不曾出現過的狼狽。

「有什麼好驚訝的。你不是一直主張自己沒有殺人嗎？」

不破用沒有一絲抑揚頓挫的口吻質問八木澤。從他的反應看來，不破的質問確實貫穿了他的胸臆。

美晴簡直摸不著頭腦。

「……是啊。」

八木澤笑著回答，似乎是總算冷靜下來了。但是那扭曲的笑容一看就知道是硬擠出來的。

「檢察官先生，你真是明白事理。對呀，你說的沒錯，留美小妹妹不是我殺的。」

「這樣啊。」

換成平常的狀況，若是聽到承辦檢察官這麼說，無論是誰都會因此放下心中大石吧。但八木澤只是露出僵硬的笑容，一點也沒有如釋重負的安心。

「今天就先到這裡。」

聽到這句話，慌的可就不只八木澤了，就連正在敲鍵盤的美晴也愣住了。定睛一看，八木澤的隨行警官也一臉愕然。

這位檢察官究竟把偵訊當成什麼了？從沒聽過哪個檢察官對嫌疑人說的話照單全收的。至少美晴在研習時看過或聽說過的檢察官偵訊都比這次更為辛辣、苛刻許多。

「你也聽到了，請帶嫌疑人回去。」

在不破的催促下，警官要八木澤站起來。初件到此告一段落，八木澤又回到了大正署的拘留室。

八木澤與警官離開後，美晴忍不住問不破。

「這樣真的沒問題嗎？檢察官。」

「你指什麼？」

「感覺您好像對嫌疑人的主張照單全收。」

「偵訊本來就應該這樣。訊問的人不該有意無意地誘導對方，或是用強硬的手段問出證詞。這種態度就是造成冤案的原因。」

他說的一點都沒錯，甚至可以說是理想論。當他用與八木澤對峙時分毫不差的表情告訴自己這件事的時候，美晴不禁充滿了罪惡感，感覺不破指出了自己的見識短淺。

「這麼一來，對八木澤的檢察官偵訊就結束了吧。」

「才剛開始呢。」

不破說完便站了起來。

「要去外面一趟。準備一下。」

「要去哪裡？」

「嫌疑人的家。」

檢察官的工作並不是只要站在法庭上就好，調查自己負責的案件也包含在內。只不過他們無法像警察那樣佩槍，也沒有盤查或上門搜索的權限。

美晴認為這麼快就能參與檢察官的單獨搜查是件非常幸運的事。多累積一點現場經驗肯定有助於將來遲早要面對的考試。

好不容易進入了檢察廳，她才不要一輩子只當個區區的檢察事務官。先升上二級的檢察事務官，經過三年就能參加考試，晉升為副檢察官。接著擔任副檢察官達三年以上後，就能再經過考試晉升為二級檢察官，這也是美晴的終極目標。

她從中學時期就對檢察官這個職業充滿嚮往。打倒胡作非為的壞人、實現社會正義的司法專業人士——隨著年紀漸長，她也知道這份職業不是只有光鮮亮麗的那一面，但絕對沒有損及她的那份憧憬。但是想要魚躍龍門成為檢察官，就必須先通過司法考試這道堪稱日本最艱難的關卡。對於成績也是好不容易才能考上地方的國、公立大學程度的美晴而言，可以說是讓人畏懼的窄門。

幸好上天為這樣的美晴開了一扇窗。那就是先被錄取為檢察事務官。雖然前提條件是必須先通過國家公務員考試，但是跟司法考試比起來算是簡單多了。

基於上述的背景，作為檢察事務官的一切經驗都是為了幫將來的「惣領檢察官」鋪路。所以無論命令她做什麼，只要是檢察事務官的工作，她都打算毫無怨言地使命必達。

然而就近在不破身邊看他做事，美晴內心就充滿了不安。因為不破的想法、言行舉止、乃至於手法都遠遠超出美晴的想像。她承認不破確實是大阪地檢的王牌，但是還無法判斷在他手下工作對自己到底有沒有幫助。

不破到底在想什麼——就在腦海中浮現出今天已經不曉得出現過幾次的疑問時，由不破駕駛的車就抵達了八木澤家的門口。

大正區是個被海洋與河川包圍的地區，有九座連外的橋梁，一定要過橋才能進入這個區域。這裡有很多從沖繩移居過來的人，洋溢著一股可稱為小沖繩的風情。八木澤的家就位在沖繩料理店林立的馬路盡頭。

建築物本身毫無個性，一看就知道是先建後售的住宅。牆壁和屋頂皆已斑駁褪色，屋齡大概有四十年了吧。四個角都翹起來的塑膠門牌上寫著「八木澤鈴子　孝仁　史華」。

不破按下門鈴對講機，告知來意，過了一會兒門就開了。上了年紀、模樣歷盡滄桑的女人是鈴子；看上去只有二十出頭，一臉嚴肅地站在旁邊、彷彿要為她撐腰的女性則是史華。

「我是負責承辦本案、大阪地檢的不破。」

不破自我介紹的同時，美晴也對兩人出示檢察事務官的證件。檢察官沒有用來證明身分的文件，所以需要表明身分的時候，一向是由檢察事務官出示自己的證件來代表。

看到證件後，史華的表情依舊凝重。

「檢察官先生有什麼事嗎？」

「想請教幾個問題。」

一如美晴的預料，不破即使面對一般人也還是面無表情。

「這次是來確認八木澤孝仁先生的供詞。」

「為什麼我們得幫助想證明我哥有罪的人呢？請離開吧。」

「八木澤先生接受偵訊時主張自己是無辜的。」

「那當然。我哥才不是那種會殺害小女孩的人！」

「希望二位能協助我們證明這一點。也只有二位能證明他是無辜的。」

史華顯然被他堵得說不出話來。見女兒束手無策，鈴子就站了出來。

「說起檢察官的工作，不就是要把警察逮捕的人判處有罪嗎？」

「即使被警察當成嫌犯、移交地檢，我們也不會直接全盤接受的。地檢其實是判斷是否要起訴的機關。既然嫌疑人堅持自己的清白，檢討這個可能性也是我們的工作。」

鈴子既沒有笑容、也沒有點頭，就只是看著不破。

「請進吧。」

「媽！」

「沒關係。」

不破與美晴被帶進了屋裡。

一踏進八木澤家，美晴就感受到這個家裡縈繞著一股無以名狀的不安穩氣氛。這裡並不是垃圾屋，打掃得也還算窗明几淨，但牆壁與走廊都明顯老舊了，彷彿散發出食物即將爛掉之際的腐敗氣味。

客廳也一樣。家具及裝潢明明不算太古老，卻盡顯疲態，感覺光是待在那裡就會讓人筋疲力盡。

說到筋疲力盡，燈光下的鈴子看起來簡直就是心力交瘁的模樣。她披頭散髮，眼睛底下掛著黑眼圈，嘴唇也十分蒼白。兒子因為殺人罪嫌被捕，肯定令她心亂如麻吧，而且她消沉的程度讓人實在不忍心再質問她。

不破剛在她們面前坐下，劈頭就拋出了問題。

「首先，我想請教關於八年前的那起案件。」

一聽到八年前這個關鍵字，鈴子和史華的表情立刻出現了反應。

「八木澤先生服刑期滿出獄時，是否有和家人發生過爭執？」

鈴子低垂視線，過了好一會兒才慢悠悠地娓娓道來。

「那是叫……綁架及監禁未成年人嗎？幸好他帶回來的女孩沒有受傷，所以只關了三年。我丈夫死得早，但我覺得這反而是一件好事。因為天底下沒有哪個父親能心平氣和地接兒子出獄。」

「所以您的感受不同嗎？」

「那孩子只是出於好奇，才會忍不住把女孩帶回家，他本身並不是什麼罪大惡極的人。所以過去我也以為只是這樣的話，應該很快就能回歸社會。」

「您用的是過去式呢。所以結果不是您認為的那樣嗎？」

「我和史華都像以前那樣對待孝仁。因為我們認為一切如常是最好的選擇。可惜左鄰右舍並不這麼想。那孩子還沒回來以前就已經充滿了流言蜚語，回來後就更常在他背後指指點點了。說他是戀童癖什麼的，說穿了就是**排擠**。」

美晴也不是不能想像左鄰右舍的心情。就算是從小看著長大的人，一旦得知對方會綁架小女孩，看他的眼神肯定不可能再跟過往一樣。家裡有幼童的人當然不用多說，但凡女兒正值青春年華的父母一定會對有前科的人避之唯恐不及，這才是人之常情。

「雖然沒有明確地說出口，但還是能感受到左鄰右舍希望我們快點搬離這裡的壓力。無聲電話照三餐響個不停，所以我們連電話線都拔掉了。兒子也說他只要一踏出家門，就會感受到有如芒刺在背的視線。只要一靠近，對方都會一溜煙地跑掉。長此以往，那孩子就漸漸不敢出門了。」

「他與這個社會的連結就只剩下網咖之類的嗎？」

「就算是網咖，一個禮拜也只去一次。而且附近的人都知道他的長相，所以還得跑到橋的另一邊。我們母女倆也好不到哪裡去。」

「左右鄰居也不待見二位嗎？」

「我以前在附近的超市打工，自從發生那件事以後，就不得不到橋的另一邊去找工作。」

「人家也很慘。」

史華忍無可忍地插嘴。

「我的公司在商務園區，雖然不會因為家人有前科就要我趕快辭職，可是一回到家，來自左鄰右舍的壓力真不是鬧著玩的。」

「沒有考慮過搬家嗎？」

「這個家雖然破破爛爛的，卻也是先夫留給我們的唯一財產。如果要賣掉肯定是賣不到什麼好價錢，而且也不確定我們母子三人搬到別的地方是不是就能從頭來過。我還以為或許再過一段時間，左鄰右舍就能忘了那件事……」

沒想到又發生了這次的事件。完全可以想像鈴子和史華的無奈。

「三月十五日當天，八木澤先生在家嗎？請老實告訴我。」

「我去打工，晚上九點半才回來，史華是十點到的。因為時間太晚，所以晚餐一向是各吃各的，孝仁也幾乎都窩在自己房間裡。」

「那天晚上也沒見到他的人嗎？」

「是的。雖然第二天早上我們是三個人一起吃早飯，但是在那之前……可是鞋子還在玄關，所以我覺得他應該沒出去。」

「會不會趁妳們不注意，在深夜的時候溜出去呢？」

兩個人都沒有回答。應該可以把她們的沉默視為默認吧。

不破一聲不吭地凝視這對母女。冰冷的眼神感受不到半點溫度。母女倆也像是感到不自在似地窺探不破的表情。

八木澤母女的心情再清楚不過了。原本是被不破的話給說動才讓他們進屋的，這點先暫且不提，但自己說了這麼多，不破卻一點反應也沒有，會開始覺得眼前這個人有點恐怖也是難免的。

「謝謝妳們。今天就先告辭了。」

不破唐突的道別為這趟面談劃下句點。母女倆都露出了不可置信的表情，在玄關目送不破和美晴離開。

走出八木澤家，美晴立刻小聲地問不破。

「檢察官，不要求她們讓我們看看嫌疑人的房間嗎？」

「沒有必要。鑑識人員已經搜查過了，要是有什麼可疑的東西，肯定早就扣押了。命案發生至今已經過了半個月，不可能再有任何新的發現。」

不破似乎真的不感興趣，離開八木澤家時一次也沒回頭。

「檢察官認為嫌疑人是無辜的嗎？」

坐進副駕駛座的同時，美晴順勢問了一句，可是不破連看都不看她一眼。

「我是檢察官的副手，告訴我也無妨吧。」

「我沒打算徵詢妳的意見。」

之後，在手握方向盤、驅車返回地檢的路上，不破一句話也沒說。

3

隔天，不破與美晴結伴前往大正署。留美小妹妹的命案主要由府警本部進行搜查，但搜查本部是設置於大正署，因此所有的資料都保管在大正署。

「可是，事到如今還有必要去研究轄區保管的搜查資料嗎？公開審理所需要的資料不是都已經影印一份送到檢察廳了？」

美晴問道，但不破既不回答、也吝於看她一眼。即使最近已經慢慢習慣了，但這種反應相當於自己的存在幾乎被人無視，這讓美晴無法不感到意志消沉。

抵達大正署後，不破告知來意，也不等員警帶路，就逕自走了進去。櫃台的值勤女警還來不及對他不按牌理出牌的行為有所反應時，不破已經大搖大擺地穿過整層樓。

「那個，檢察官，是不是至少先跟承辦人員打聲招呼、再請對方帶路呢？」

「我知道資料室在哪裡。所以沒必要。」

說得極為直白，但是就連美晴也知道，他沒有把話全部說完。

一方面是懶得跟承辦人員噓寒問暖，但最重要的理由是為了避免轄區的人知道他們來了，可能會搞些小動作。

「您這麼不信任警察嗎？」

「信任意指要將自己的命運託付給對方，這並不是那麼容易的事。如果面對的是組織那就更不用說了。」

極其自然的口吻不帶一絲批評，反而讓美晴更加鬱悶。既然如此，檢察廳和檢察官究竟該相信什麼才好？

不破沒有誇口，他確實記得大正署內部的動線，不偏不倚地走向資料室。與此同時，背後傳來了兵荒馬亂的腳步聲。

「不破檢察官，好久不見。」

大概是負責人或承辦人員吧。這個髮型有點亂的中年男子朝不破微微行了一個禮。

「哎，雖然不破檢察官沒預約就大駕光臨也不是第一次了，但至少先讓人跟我說一聲嘛。」

「因為我不想耽誤日野刑事課長的寶貴時間。您也很忙吧。所以請不必在意我。」

「那可不行啊。」

日野搶在不破跟前先行打開資料室的門。美晴有點好奇不破對他的反應做何感想，但不破的表情依舊看不出任何能稱之為變化的波動起伏。

不破的態度在資料室中也沒有絲毫變化。他對一心想要帶路的日野視而不見，自顧自地翻箱倒櫃。

「檢察官，您是想找哪個案件的資料呢？」

「箱子外面都寫了標題，我看得懂。課長請自便吧。」

聽到不破冷淡的回答，日野對美晴投以責備的眼神。雖然美晴也覺得不太好意思，但是站在自己的立場，除了避開他的眼神也別無他法。

最後，不破的目光停留在某個紙箱上。紙箱外面貼著「大正公園女童殺害事件」的標籤。不破捧起紙箱，日野出手想要幫忙，但不破視而不見、將紙箱放在桌上。

日野有些困惑，再次對美晴投去責難的視線。

「八木澤孝仁那個事件啊。我記得所有的搜查資料都已經交給檢察官了……」

「沒錯，都在這裡。」

不破一臉理所當然地從美晴帶來的公事包裡拿出那份厚厚一疊的資料。除了美晴整理的公開審理資料外，當然也包含搜查本部送來的搜查資料。

「日野刑事課長，接下來是檢察官的工作。可以請你暫時離開一下嗎？我們這邊結束了會通知你。」

完全被當成礙手礙腳的存在，饒是日野也忍不住變臉。居然被外人趕出自己的地盤，肯定把他氣得不輕吧，但繼續留在這裡只會更丟臉而已。日野沒好氣地應了一聲「這樣啊」，然後扭頭就走。

「檢察官，您剛才的態度怎麼說都太失禮了吧。」

「他待在旁邊只會礙手礙腳的。而且等著他去處理的案件也很多吧，硬要留在這裡對雙方都沒有好處。」

不破開始對照資料夾的內容與箱子裡的內容物。所有的搜查資料都有編號，不破帶來的資料內容應該與箱子裡的內容物一致。只差在紙箱裡的東西是從現場扣押的證物實體，資料夾中的內容則是照片或影本。

這項作業持續了二十分鐘左右後，不破突然停下比對的動作。

「沒有。」

「怎麼了？」

「有些搜查資料找不到。而且還不只一、兩件。」

美晴驚訝地接過不破手中的資料夾。

「逐一對照就能明白了，原本應該要放在這裡面的東西，有一部分不見了。這個跟這個，還有這個。」

不破指著資料夾的索引編號。美晴照著不破說的號碼在紙箱裡尋找，確實找不到。具體來說分別是以下三件證物。

A—23 從現場採集到的八木澤孝仁的毛髮

A—24 從現場採集到的疑似八木澤孝仁的腳印（照片）

A—25 從現場採集到的土

美晴慎重其事地摸遍了箱子底部，還是找不到那三件證物。像毛髮那麼小的東西通常會裝進寫上名稱的塑膠證物袋，所以夾在其他證物裡的可能性很低。

「……這是怎麼回事？」

不破沒有回答。

現場充滿各種不明的毛髮與許多身分未定的腳印。鑑識人員全數加以採集，與出現在嫌犯名單上的八木澤進行比對，經過DNA鑑定，確認其中一根毛髮是屬於八木澤的。除此之外，八木澤平常穿的球鞋底部的花紋也跟其中一個腳印相符。

毛髮的部分附有DNA鑑定報告，所以作為物證提出在實務上沒有任何問題。然而找不到實體證物還是讓美晴覺得事有蹊蹺。如果是哪個偵辦人員拿走，應該會留下紀錄，但不破確認過了，並沒有相關記載。

「再檢查一下還有沒有其他缺失的證物，幫我做成一覽表。」

「我知道了。」

美晴依照指示寫下清單，把證物放回箱子裡。

「會不會是哪個偵辦人員沒說一聲就帶出去了？」

「已經移送地檢的案子，事到如今還有必要拿出證物嗎？如果是搜查過程有任何進展，刑事課長不可能不知道的。」

不破平鋪直述地說道，表情並沒有特別詫異。不過既然要美晴製作下落不明的證物清單，想必也沒有打算要睜一隻眼、閉一隻眼。

「要找承辦的搜查員還是刑事課長確認清楚嗎？」

「如果日野刑事課長知道這件事，應該早在我們開始檢查時就會主動說明了。沒有說明，就表示連刑事課長都不知道有證物遺失。刑事課長不知道證物遺失，就代表底下的人沒有往上呈報。妳認為負責偵辦本案的人會口無遮攔地把沒有往上呈報的事告訴外人嗎？」

一收拾好證物，不破便走出資料室。神態自若地通知日野他們已經結束作業了。美晴一直在觀察日野的態度，但是從他的臉上完全看不出一絲擔心祕密曝光的焦慮或恐懼。

「對了，刑事課長，我還想順便確認一下八木澤的扣押物品。」

「沒問題。我請他們拿來。」

日野請他們在另一個房間稍候，接著有個年輕警官捧著一只箱子走了進來。

「辛苦你了。」

就連慰勞的話也說得極為敷衍，不破直接動手在箱子裡翻找。貌似一開始就鎖定目標，想也不想就撈出手機。

「檢察官，您要比對通話或郵件的紀錄嗎？」

「我想看的是照片。」

不破的手指在觸控螢幕上滑動，逐一審視手機裡的照片。或許是因為手機的主人足不出戶的關係，所以照片的數量並不多，而且幾乎都是風景照。大概是他變成繭居族以前去過的地方吧。

不過，其中就只有一張人物照。是穿著套裝的史華在八木澤家門口拍的照片。從史華麗似夏花的笑容來看，不難想像那應該是她正式出社會當天所拍的照片。

「除了妹妹之外就沒有其他的人物照了……看樣子他真的沒有什麼親近的朋友呢。」

美晴做出短評，但不破一句話也沒回應。

離開大正署後，不破和美晴接著要去的地方是八木澤家那邊。

「又要詢問他的家人嗎？」

「不。目的地是被害人住處的附近。」

遇害的瀧本留美小妹妹的家距離八木澤家不到一百公尺。換言之，彼此是鄰居，所以八木澤被當成嫌疑人逮捕時，各大媒體皆以果不其然的口吻報導此事。描繪出一個繭居族年輕人鎖定自家附近女童下手的劇本。

美晴不明白不破的用意。如果是去拜訪身為被害者家屬的瀧本家還能理解，但為什麼要去拜訪他們的鄰居呢。美晴還是姑且試著問了一句，但是想也知道，不破沒有給出任何答案。

不破敲了敲瀧本家右手邊鄰居、掛著「笹口」門牌的玄關門。不一會兒，有個看似年過五十的主婦出來應門。

像這種時候，告知來意、表明身分是美晴的工作。

「不好意思在您休息的時候前來打擾。我們是負責調查瀧本留美小妹妹事件的大阪地方檢察廳，這位是不破，我是他的副手、敝姓惣領。」

笹口太太起初一臉狐疑地輪流打量著不破和美晴，當美晴出示自己的證件後，她的表情頓時變得乖順。

「既然是檢察廳的人，該不會是檢察官先生吧？辛苦兩位了，請快點將殺害留美的兇手繩之以法。」

美晴開完道之後，不破便倏地傾身上前。

「我們正為此展開調查，希望能得到您的協助。」

「這有什麼問題，我一定知無不言、言無不盡，請務必為那孩子報仇雪恨。啊，站在門口不好說話，請進。」

笹口太太壓低了音量。肯定是顧慮到隔壁的瀧本家跟附近的鄰居吧，不過美晴也從她的聲音中聽到一縷好奇心的殘響。可以想像對於日常生活缺乏刺激的人而言，自己的證詞若能對犯罪搜查起到作用，無疑是千載難逢的大舞台。

「請問留美小妹妹是個怎麼樣的孩子？」

「是個人小鬼大的女孩，明明才剛滿八歲，說出來的話卻很成熟喔。不過這點看在我們眼中也很可愛就是了。」

「她經常在外面玩嗎？」

「這一帶有很多雙薪家庭，瀧本家也是吧。所以她放學回來都會跟同年齡的孩子們一起在公園或人行道上玩。」

「您認識八木澤孝仁嗎？」

「這還用問嗎，他以前出過那樣的事，就算不想認識也會知道啦。只是沒想到他出獄以後居然就這麼賴在老家，這可把左右鄰居都給嚇壞了。所以他出獄之後，這附近的小孩有一陣子都有人陪著上下學。八木澤家也真是的，明知道留他在家只會遭受左鄰右舍的白眼。不僅給大家添麻煩，本人肯定也會覺得很尷尬不是嗎？可是還一直讓他留在這裡，逞強也該有個限度。」

笹口太太牙尖嘴利地說著八木澤家的壞話。不只加害者本人，還要他的家人也負起連帶責任，實在是太不講理了。但是對住在附近的人來說，這或許是再自然不過的反應。

「八木澤孝仁和附近的小女孩們曾有過於密切的交集嗎？」

「密切交集？哦，你是指太過靠近她們的意思嗎？嗯，起初媽媽們都充滿戒心，陪同孩子一起上下學，放學後也盡量不讓孩子出門。可是那個男人出獄之後就一直把自己關在家裡，所以就逐漸放鬆了警戒……現在回想起來真的不該太鬆懈的。那個男人也不是一直躲在家裡，偶爾還是會出門，自然有機會接觸到放學的小孩。那男的肯定是從那時候就盯上留美了。真不該對有前科的人——而且還是性犯罪者掉以輕心。」

笹口太太一臉遺憾地搖搖頭。

「您說八木澤盯上留美小妹妹，表示他們不只見過一次面嗎？」

「嗯。不過就像我先前說的，留美是個人小鬼大的孩子，可能是這點適得其反吧。」

「您的意思是？」

「我跟您說，檢察官先生，我也有兩個小孩，所以很清楚家裡是什麼氣氛，小孩就會長成什麼樣的大人。孩子會記住父母在家裡說的話，然後在外面有樣學樣地照著說。父母一天到晚都在吵架的家庭，孩子說話肯定也很粗魯；父母感情圓滿的家庭，孩子在外面講話一定很有禮貌。」

「原來如此。您是指人小鬼大的留美小妹妹曾經在外面提起瀧本夫婦在家裡說的話嗎？」

「一般來說是不會讓小孩聽到那些的。好比八木澤家的兒子是戀童癖或性犯罪者之類的。但瀧本夫婦好像跟留美說了。可能是叮嚀她在外面遇到對方要趕快逃走的時候不小心脫口而出的吧。」

「留美小妹妹直接當著八木澤的面說了這些話嗎？」

「嗯，還指著對方，很大聲地說他是戀童癖。聽到她這麼說的時候，我就有不祥的預感了。被那麼小的孩子指著鼻子說是戀童癖，那個男人一定氣壞了。如果能一笑置之地帶過，一開始也不會綁架女孩了。我沒有要為那男人說話的意思，但這次或許該說是留美自己主動惹禍上身。」

聽到這裡，美晴感覺內心颳過一陣寒風。

更生人的再犯率近年來一直維持在六成以上。這個數字也讓全國各地的監獄飽受批評，認為監獄沒有起到更生設施的作用。

造成再犯率高達六成的理由不會只有一個，社會對更生人的排斥與偏見也是很重要的原因之一。即使像留美這麼小的女孩根本不懂偏見是什麼，聽在八木澤本人耳裡，可能依舊是難以一笑置之的咒罵。

留美偶然在公園遇到八木澤，天真無邪地說出惡毒的指控。八木澤一氣之下失去理智，勒住留美的脖子——這是可能性很高的論點。假如留美死於非命是起因於自己的失言，真的是再也沒有比這更諷刺的事了。

「檢察官先生，雖然輪不到我請命，但是請您務必讓那個殺害留美的男人被處死刑。」

笹口太太一臉坦然地提出令人震驚的要求

「說到底，這都要怪明明抓了那麼小的女孩子、卻只讓他關幾年就放出來的法院和監獄。果然不能任由性犯罪者在監牢外面亂走。這一定要判死刑，如果不能判死刑，至少要關他一輩子。」

這恐怕是一般小老百姓的心聲吧。想到這裡，美晴突然覺得心裡沉甸甸的。

要用一句「這是對前科者的偏見」概括很容易。像是把矛頭對準當地的居民，表示「再犯率降不下來都是因為你們的偏見」，也是所謂「道德魔人」藉題發揮的材料。

然而，現實是當地居民肩負著保護老弱婦孺等弱者的使命，也有維持秩序與平靜的名目。這點與接受有犯罪之虞的人、協助其重新做人本來就有些自相矛盾。

「檢察官先生，萬事拜託了。我們已經受夠這種恐怖又殘忍的事了。」

「這是我們的工作，只要有必須接受懲罰的犯罪事實，我們一定會將之起訴。」

「我從剛才看到您的臉，就一直無法判斷您到底有沒有心要辦案。總之拜託了。」

笹口太太有些不依不饒地一再表態、要他們判八木澤死刑。比起對八木澤的義憤，更多的是對留美的哀悼與基於地方安全的訴求。

美晴很清楚這就是現實。無論說得多清高，躲在安全地帶內終歸是站著說話不腰疼。主張就算是惡犬也可以不拴鍊子的人，除非自己身邊也有條惡犬，否則說得再多也沒有說服力。

離開笹口家，不破做出了令人摸不著頭腦的指示。

「請把大正區內，或者是那一帶的外科醫院全部列出來給我。」

沒頭沒腦地說什麼呢。內心雖然這麼想，但因為事務官是檢察官的副手，所以還是不要什麼事情都問會比較妥當。如果是這種程度的搜尋作業，只要靠智慧型手機就能搞定了。美晴在車上拚命滑著手機，不到二十分鐘就搜尋到十五間。

「十五間啊。再來請用地檢的名義問他們自三月十五日起，我接下來提到的人物有沒有去看診。」

「我覺得光靠電話的話，對方應該不會告訴我們。」

「正當的醫院本來就應該這樣。所以接下來要一間一間確認。」

不破是個言出必行的人。話說出口的時候，腦中大概就已經排好行程了，而且非得按照計畫行動不可。執行能力高的人身上經常能看到這方面的傾向。

想必是很花時間的作業。美晴半放棄似地問不破。

「檢察官想調查什麼？」

想也知道得不到回答。

不破詢問的人物很明確，所以立刻就能得到有沒有去看診的回覆。有或沒有，答案單純至極，因此花在一間醫院的時間連五分鐘都不到。但是花在移動上的時間可不是鬧著玩的。問到第十二間的時候，距離開始查訪已經過了四個小時。

所幸第十二間的「片倉醫院」就是不破要找的醫院。

「有的，這位患者十六號來過。」

好不容易找到了，但不破的反應依然像是在進行程序性的作業。

「可以讓我們看一下病歷嗎？這是偵辦需要的線索。」

櫃台的女性職員說要請示院長，就起身去打內線。或許是看到檢察官本人很難得吧，她在講電話的同時仍不時偷瞄不破。

「院長想跟兩位見個面。」

在另一個房間等了五分鐘，有個身穿白袍、滿頭白髮的男人走了進來。

「我是院長片倉。」

「我是大阪地檢的不破。突然上門打擾真是不好意思。」

「這倒是無所謂，請問你們到底是在調查什麼案子？」

「現在我們只能說是跟某個事件有關。」

「本院的患者是重大嫌疑人嗎？」

「這點也恕我們無法明說。不過我可以斷言，院長的證詞將會對案件的走向造成相當大的影響。」

既不過分激昂，也沒有誇大其詞，始終是平常的不破。但是看在某些人眼中，反而具有凸顯其重要性的效果。片倉就是難能可貴的對象之一。只見片倉像是要鑽研不破言下之意似地點了點頭，深深地坐進沙發裡。

「可以請您提交正式的文件嗎？」

「明天可以嗎？文件送達後，再請您寄回病歷的影本。今天如果能先口頭告訴我們的話，自然是感激不盡。」

「那個人是突然來看診的。雖然是初診患者，但因為傷勢嚴重，所以我記得很清楚。」

「請問是怎麼樣的傷勢？」

「你知道拇指丘嗎？就是大拇指的指根下方隆起的部分。」

片倉指著自己的手加以說明。

「右手拇指丘的正面和背面被咬傷。從出血量來判斷應該咬得很深，所以我們先消毒、給予消炎藥、也開了抗生素。幸好處理得早，應該不會留下疤痕。事實上，患者在那之後也沒有再來回診。」

「您確定是被咬的痕跡嗎？」

「本人說是被自己養的貓咬傷。說是餵貓的時候讓貓食沾到手上，結果就被咬了。」

「真的是貓的齒印嗎？」

「我不喜歡小動物，所以沒養過寵物，因此也不清楚貓的齒印長什麼樣子，但我覺得應該不是。不過如果是狗咬到的話，可能會引起破傷風，所以也幫傷者打了破傷風針。」

「病歷有傷口的照片嗎？」

「不能排除破傷風的可能性，所以慎重起見也拍了照存證。」

「太好了。」

「檢察官先生該不會認識那隻貓吧。」

不破沒回答這個問題，只說了一句「感謝您的協助」就起身告辭。

走出片倉醫院，不破輕輕地嘆了一口氣，彷彿完成一項浩大的工程。

「您似乎很滿意呢，檢察官。」

「倒也不是滿意，只是找到可供參考的材料，但是還不能鬆懈。」

「差不多可以告訴我您的用意了吧？」

「告訴妳也沒用。妳只要按照我的指示去做，過程中不要出錯就好了。」

美晴輕輕地咬住下唇，但也不打算像先前那樣對他提出抗議。

美晴與不破之間存在著天與地的見識差距。今天一整天下來的調查已經讓她清清楚楚地認清了這一點。若不能縮短彼此的距離，感覺自己連提出問題的資格都沒有。

4

兩天後，不破傳喚那個人到檢察廳，在辦公室進行偵訊。美晴坐在那個人的後方，對著電腦，準備記錄兩人的對話。

那個人與不破面對面，絲毫不掩飾自己的不耐，目光如炬地瞪著不破。但不破還是老樣子，宛如雕像一般，臉上看不出任何情緒。

看到這種場面，美晴完全理解了問話者要面無表情才能占據優勢。一旦被對方的反應給迷惑、陷入了疑神疑鬼的魔障，主導權就已經落入對方手中了。

「為什麼非找我來不可？」

「請當成是公開審理前的最終調整。您的協助將有助於防止冤案發生，推動正當的司法程序。」

「我不太懂你想表達什麼。」

「請別擔心，繼續說下去您就會理解了。」

「真的是這樣嗎。」

「更重要的是，這是為了防止冤案發生。這也是最大的目的。」

「你說冤案？」

「關於瀧本留美小妹妹的命案，眼下八木澤孝仁被當成嫌犯移送。但是在我重新調查的過程中，發現他不是兇手的可能性很大。而且接受我的偵訊時，他也始終堅持自己沒有殺人。」

「嫌犯否認涉案不是天經地義的事嗎？」

「可是他否認的態度非常與眾不同。留美小妹妹的命案現場留有他的毛髮和腳印。他主張的不在場證明也一下子就不攻自破。再加上他還有誘拐女童的前科。換句話說，直指他就是兇手的證據及狀況簡直太齊全了。」

「就算證據及狀況再齊全，只要自己不是兇手，一定會否認到底吧。」

「那是當然，但如果是這種情況，否認的態度很容易變得悲愴。因為自己明明不是兇手，卻蒙上殺害女童的不白之冤。而且自己還有前科，這次可能會被判處重刑也未可知。照理來說，一般大都會感到恐慌、害怕到不行才對，就算在警察或檢察官面前發了瘋似地否認涉案也不奇怪。不，不如說那種態度才正常。可是八木澤孝仁雖然否認涉案，態度卻相當冷靜。即使不在場證明被攻破，他也沒有亂了方寸，甚至給人早有心理準備的印象。」

「難道不是因為很清楚自己什麼壞事都沒做，所以才能保持冷靜嗎？」

「如果是這樣的話，又會產生新的問題。假設他真的是無辜之身，為何要做出當時自己人在網咖這種一戳就破的偽證呢？」

在不破緊迫盯人的追問下，對方沉默不語。

「人類只會在三種情況下說謊。一是因為虛談症之類的精神疾病，導致即使沒有任何動機也忍不住撒謊。二是為了自己的利益而說謊。然後是三，為了保護別人而說謊。」

不破輕描淡寫地說個不停，只見對方的表情漸漸地出現變化。看在美晴眼中，感覺就像是被人給一步步逼問的樣子。

「八木澤孝仁已經接受過起訴前鑑定，確定沒有虛談症等精神疾病。那麼難道是第二種情況、為了自己的利益而說謊嗎？實在很難想像故意扯那種馬上就會被拆穿的不在場證明對自己有什麼好處，所以也不是。剩下第三種情況，也就是為了保護別人而說謊。如果是這種情況，漏洞百出的不在場證明就說得通了。八木澤孝仁並沒有真的把自己包裝成兇手。只不過，為了包庇真兇，他確實利用了自己遭到警方懷疑的立場。不知該說是幸還是不幸，現場留下了自己的毛髮和腳印。接著只要等自己信口胡謅的不在場證明被戳破，嫌疑就會集中在自己身上。直到移送地檢，警方都不會再懷疑到別人頭上。」

「他為什麼要這麼做？所有的證據不是都對自己不利嗎？就算知道自己是無辜的，可是官司如果沒完沒了地一直打下去，自己可能真的會被判極刑也說不定。」

「肯定是覺得，就算變成那樣也無所謂吧。」

「咦？」

「只要能保護想要保護的人，即使自己蒙受不白之冤，甚至因此被送進刑場也無所謂。我還沒問過本人，所以不確定他心裡是怎麼想的，只是從他的行為模式來看，我認為他很願意犧牲自己，扛下嫌犯的角色。」

「怎麼可能……」

「八木澤孝仁不惜犧牲自己也想保護的人其實相當有限。當我在他的手機裡看到僅有的一張人物照時，我就明白了。沒錯，就是妳。」

八木澤史華的雙手緊緊握起。

「然後我注意到妳的右手。」

史華下意識地藏起自己的右手，可惜為時已晚。從她走進辦公室的那一刻起，不破和美晴就看到她的右手拇指丘部位貼著一大塊ＯＫ繃。不，打從初次見到她的那一刻，不破應該就已經注意到了。

「我們已經確認過了。命案發生的第二天，也就是十六號，妳去了『片倉醫院』治療傷口。妳聲稱是被自己養的貓咬傷，但我登門拜訪時，府上完全沒有養貓的痕跡。可見妳的手至少不是被自己養的貓咬傷的。幸好片倉院長保留了病歷和傷口的照片。我請他把病歷影本寄到鑑識課，與遇害的留美小妹妹的齒型進行比對。結果應該不用我再多說了吧。妳右手的傷痕與她的齒型一模一樣。案發至今過了近三週，妳的傷口已經復原到可以用ＯＫ繃遮住，但已經留下的紀錄是無法抹滅的。」

史華慢慢地伸出原本遮遮掩掩的右手。

「這次的事件，搜查本部的手法也有問題。案發現場是每天都有很多人進出的公園。不光是人，也會散落著貓狗的獸毛。正在加以分類時，發現有誘拐女童前科的八木澤孝仁就住在被害人附近。把他找來問話，又從現場遺留的物品中找到他的毛髮和腳印。再加上他提出的不在場證明根本是一派胡言。也難怪搜查本部會一口氣把懷疑的目光集中在他身上，否則應該要更精確地調查才對。因為那些來路不明的毛髮與腳印裡面一定也有妳的毛髮與腳印。這就是典型的先射箭再畫靶。」

美晴懷抱苦澀的心情聽著不破說明。

發生在大阪市內的女童殺人事件，屬於會引起媒體和輿論群情激憤的重大案件。被逼著要盡速破案是理所當然的，萬一拖得太久，或是陷入僵局，不只大正署，就連負責指揮調查的大阪府警本部肯定也會受到指責。心急如焚的搜查本部從一開始就背負著欲速則不達的風險。而有前科的八木澤孝仁剛好住在瀧本留美家附近，這只能說是命運的捉弄。

「可惜隨著警方結束調查，妳留在現場的毛髮及腳印也被處理掉了，幸好病歷裡記錄了留美小妹妹的齒型，挽回了一切疏失。那麼，妳還有什麼想說的嗎？八木澤史華小姐。」

史華戰戰兢兢地開口。

「我想說什麼自然會跟律師說。」

「妳不否認嗎？」

「剛才檢察官先生不是說過病歷是比毛髮或腳印更有效的證據嗎。」

這等同於自白了。

「妳想找律師當然沒問題，不過現在請以我的問題為優先吧。」

「隨便你吧。」

「有件事我無論如何都想問清楚。案發之後，妳與令兄有立下任何口頭約定或書面合約之類的東西嗎？」

「沒有。」

史華不假思索地否定。

「絕對沒有那種事。」

「你們沒有事先溝通就締結了共犯關係嗎？」

「發現留美的屍體後，我哥一直關在房間裡。被捕後，任憑我們說破了嘴，他也不肯見我們。老實說，我根本不曉得我哥為什麼會知道我是兇手，又為什麼要包庇我。」

這大概是史華的真心話。她肯定做夢也想不到，彼此之間連交談都沒有了，哥哥為什麼要為自己頂罪。

「這部分只有他本人才知道。不過我倒認為他袒護妳的理由非常簡單喔。」

「什麼理由？」

「因為他是妳唯一的兄長。除此之外還需要別的理由嗎？」

對八木澤孝仁的二次偵訊在拘留他的大正署進行。

不破開口的第一句話，就是告訴八木澤自己訊問過史華了，結果八木澤大驚失色，差點就跳了起來。

「你、你問了那傢伙什麼？」

「妳就是殺害留美小妹妹的兇手吧。我這麼問了，史華小姐並沒有否認。」

「少騙人了。」

「因為出現了比毛髮或腳印更加有力的證據。」

不破告訴八木澤，史華的右手留下了留美的齒印。或許是理解到證據的有效性，八木澤軟弱無力地一屁股坐回椅子上。

「史華小姐勒住留美小妹妹的脖子前，留美小妹妹在拚命掙扎時咬了史華小姐一口。史華小姐的運氣很好，出血沒有留在留美小妹妹身上或案發現場。可是傷口非常深，於是史華小姐不得不去看醫生。大概是想趕快把傷口治好，以免啟人疑竇。奈何人算不如天算，反而留下史華小姐就是真兇的鐵證。」

「……所以你現在是打算炫耀你的勝利嗎？」

「可惜勝利的不是我，而是留美小妹妹。留美小妹妹擠出最後一絲力氣，在兇手身上留下自己的署名，告訴我們誰的身上留有她的齒印，那個人就是兇手。」

八木澤無從反駁。

「你在偵訊過程中始終否認涉案，那我今天從別的角度再問你一次。你並沒有殺害瀧本留美小妹妹，但是你知道留美小妹妹是史華小姐殺的，而你選擇包庇她，對嗎？」

八木澤低著頭，依舊不發一語。他的沉默也意味著默認。

「話說，據說從留美小妹妹的遺體被發現到你被捕的這段期間，你們兄妹都沒有說過一句話。」

「對。」

「你是怎麼知道是她殺了留美小妹妹的，史華小姐對此感到非常不可思議。實際上，她內心大概也充滿了各種矛盾與掙扎。殺死無辜女童的矛盾與掙扎、嫌疑偏偏落到自己哥哥身上的矛盾與掙扎、自己也因此無法出面投案的矛盾與掙扎。」

「你有點囉嗦呢，檢察官先生。史華跟你從出生長大的環境到社會地位，乃至於性別、年齡都不一樣，拜託不要說得一副好像你很了解她的樣子。」

「確實，我和史華小姐是各自獨立的存在。她身上一定會有我無法理解的部分。但如果被告尚未整理好自己的心情就站上法庭，對當事人而言其實是一件很辛苦的事。所以我告訴她一個我自己的推論。為什麼你會知道史華小姐的犯行呢？真相其實非常單純。那天晚上，你是不是恰巧目睹了史華小姐在公園裡殺害留美小妹妹的那一幕呢？」

八木澤的肩膀劇烈地上下抖動了一下。

「大正公園裡有好幾台監視器，無奈案發現場剛好位於監視器的死角，無法證明我的推論。但是現場留下了你的毛髮和腳印，所以我的推論其實已經坐實一半了。你不這麼認為嗎？」

八木澤繼續保持沉默。

倘若八木澤沒有在這裡對不破的推論提出異議，自己就會成為目擊妹妹動手行兇的證人。只不過史華右手的齒痕也由不得他辯駁。

美晴豎起耳朵，仔細聆聽他們的交鋒。劍拔弩張的氣氛令她坐立難安。

「另一方面，八木澤先生。你應該也有你的矛盾與掙扎。如果案發以來，你與史華小姐都沒有交談過，那就更不用說了。你只有一點想不通，那就是史華小姐為何要殺死留美小妹妹。」

八木澤的表情出現了變化。

「檢察官先生知道原因嗎？」

「史華小姐已經完全招供了。所以也不必再隱瞞你。」

「為什麼我妹妹她……」

「動機必須回溯到三月十五日、事件發生的六小時前。史華小姐在商務園區的外商公司服務。單看公司介紹，確實給人很現代開明的印象，但是在裡面工作的人畢竟都是平凡人。有的人擁有前衛的價值觀，自然也會有觀念還很守舊的人。那天，有個觀念守舊的人一直針對你的前科對史華小姐說了很多難聽話。史華小姐在職場很受歡迎，工作能力也很出色，難免會招來前輩的嫉妒。諷刺、嘲笑、挖苦、咒罵。史華小姐已經很久沒像這樣被外人中傷自己的家人了，所以她感到非常受傷。然後晚上九點，下班回家途中，史華小姐在公園裡巧遇留美小妹妹。剛好那天留美小妹妹的父親答應要買她想要的玩具給她，所以留美小妹妹迫不及待地去車站接爸爸，在經過公園的時候與史華小姐不期而遇。不幸的是，史華小姐當天剛好因為哥哥的事飽受攻擊，而留美小妹妹則是以小孩特有的天真殘酷、口無遮攔地對主動向她打招呼的史華小姐說：『妳是戀童癖的妹妹。』」

八木澤瞪大了雙眼。

「那孩子居然這麼說。」

「我猜留美小妹妹本身應該沒有惡意，她恐怕連戀童癖的正確意思都不知道。瀧本家的日常對話過於露骨、欠缺思慮周詳大概也是造成這起悲劇的原因之一。只是這一切剛好兜到了一起，就是最壞的結果了。史華小姐被留美小妹妹說的話給激怒，於是勒住了她的脖子。受驚的留美小妹妹反射性地咬了她的右手。遭到意料之外的反擊，令史華小姐更加激動了，等到她回過神來，留美小妹妹已經癱倒在地。史華小姐嚇得拔腿就跑，而你正好目擊到那一幕……我並沒有目睹整個過程，但是依照時間軸一路整理下來，大概就是這樣吧。」

原本一直靜靜聽著的八木澤聽到一半，開始無法接受似地不斷搖頭。

「檢察官先生，我完全聽不懂你在說什麼。我這個哥哥是因為誘拐女童被捕的人渣喔。史華只會討厭我，不可能喜歡我的。既然如此，別人說我壞話的時候她為什麼會生氣呢？職場上有人藉題發揮就另當別論了，那麼小的孩子就算把我這個混蛋哥哥說得再難聽，她也沒有必要放在心上不是嗎？」

「你還不懂嗎？」

「你指什麼？」

「這件事再單純不過了。因為史華小姐喜歡你啊。不管你有沒有前科、是不是繭居族，她都喜歡你這個唯一的兄長。就是因為這樣，她才會被喊你戀童癖的留美小妹妹給激怒。就這麼簡單。」

啊……八木澤低吟一聲，從椅子上滑落。吃了一驚的美晴站起身來，但不破只是以清亮的眼神居高臨下地看著八木澤。

「這次的事件，是愛護哥哥的妹妹為了維護兄長的名譽才犯下了殺人的罪行。而哥哥也為了保護妹妹，試圖誤導警方辦案。即使雙方沒有交談，也能為了彼此行動。本次就是這樣的一起案件。」

過了好一會兒，跪在地上的八木澤開始哽咽啜泣。

啜泣聲逐漸轉為宛如野獸的呻吟，迴盪在辦公室中，久久不散。

「這次真的太沒面子了。我們刑事課的人當然不用說，連大正署的全體員警都面子掃地……」

日野在不破的辦公室裡一個勁兒地向他低頭賠不是。

除了從八木澤孝仁與史華口中問到的證詞，再加上片倉醫院提供的病歷影本與留美齒型比對的結果，光是這樣就足以立案了。瀧本留美命案又發回搜查本部，再次展開調查。不過史華的行為早以構成立案、起訴的要件，所以只是走個流程而已。

如日野所說，命案完全被不破翻盤了。雖然令大正署與府警本部顏面無光，但如果沒有不破力挽狂瀾、就這麼讓案子直接進入公開審理的話，輕則抓錯人、重則造成冤案。所以從這個角度來說，不破就是他們的救世主，搜查本部表面上也只能表現出誠惶誠恐、感恩戴德的態度。

只是不破還是老樣子。

「你們搞錯道歉的對象了。」

那張表情宛如凝固的臉只動了動嘴唇。因為看不出他的情緒，所以站在日野的立場，除了繼續低頭認錯之外也別無他法。

「哎呀，這個我當然知道，但這次給不破檢察官添了很多麻煩也是事實。大正署全體警員將會以此為鑑，根本性地重新審視辦案的體制……」

如果能因為這次的教訓，讓他們在偵辦時不再帶有先入為主的成見自然最好，但美晴認為這個可能性大概不高吧。如果是會因為一次的醜聞就洗心革面的組織，刑事課長這些中階管理職早該辭職下台了。畢竟明哲保身與功利主義才是這個組織的內臟脂肪，所以不管外表看起來再怎麼光鮮亮麗，體質本身也不會改變。

「日野刑事課長，你的志向很遠大，但是要怎麼改進是大正署的事，與我沒有任何關係。因此你不需要向我報告。」

唉……日野沒出息地嘟囔了一聲。看樣子，大正署的署長與府警本部的大人物們經過一番思量後，就把這個最吃力不討好的任務推到他頭上。抱著必死的決心殺進檢察廳送死，沒想到不破的反應如此冷淡，令他無以為繼。

在這個男人底下工作後，美晴弄懂了一件事。不破這個人完全不在乎別人的工作態度。無論警方的調查是隨便還是縝密，送檢以後就全歸不破管了。無論他是完全不相信別人，或是徹頭徹尾的本位主義信徒，總之在那些信奉魚幫水、水幫魚的人眼中，不破確實都是非常難纏的對手。

「比起這個，刑事課長，我想請教一件事。請問這次的案子由鑑識人員採集的證物是怎麼送到大正署的資料室保管的？」

「這次也跟平常一樣啊。如果是跟府警本部聯手偵辦，根據標準作法，證物和其他的搜查資料會先保管在成立搜查本部的轄區警署。只不過，有時候也需要把證物或資料帶出去，或是暫時移交給搜查員或府警本部。本案的情況是先移交府警本部，逮捕八木澤孝仁之際才又送回大正署。」

「原來如此。很有參考價值。我問完了。」

這句話就是「你現在可以離開了」的意思，絲毫不假辭色，饒是日野也不禁臉色微慍。

「……那我先告退了。」

日野離開前深深一鞠躬。換個角度來說，他的殷勤也是為了抗議不破對自己的無禮。

日野的背影消失後，美晴帶著警告意味開了口。

「他看起來很生氣呢。」

「是他自己要感到無地自容，又自顧自地憋了一肚子氣回去。這與我無關。」

「跟警方的合作關係難道不重要嗎？」

「帶著成見調查，卻一點罪惡感也沒有。跟這種警察合作，就連我也會變得遲鈍。」

「可是，至少可以給一點建議嘛。」

「那也與我無關。沒有來自外界的壓力就無法改善的組織，就算有所改變也只是治標不治本，很快就會舊態復萌的。」

美晴對於其他人或其他部門大致上也是很嚴格的，但如果換個說法，對方就會產生期待，提出更多要求。或許不破在對自己以外的人或組織不抱任何期待的這一點上採取了更加徹底的冷淡態度也說不定。

倘若他只是個利己主義的人，旁人只會對他敬而遠之，但不破確實累積了實績，所以誰也不能不把他放在眼裡。如果要用一句話來形容不破，無非是難以接近，卻又擁有過人實力的官吏。

「話說回來，檢察官。剛才的問題有什麼用意嗎？」

不破挑起一邊的眉毛。

「明顯是從大正署的資料室裡遺失的資料只有三件。這當然不是可以忽視的數量，但與其說是八木澤孝仁設下的誤導，更像是搜查本部急於破案所以搶先挪用了。假設是在從轄區移交到本部，或是從本部送回轄區保管的過程中搞丟了，有必要刻意向刑事課長確認嗎？我記得您之前說過問了也沒用。」

美晴忍不住以挑釁的語氣質問不破，但是不破看也不看她一眼。

不過，這次他倒是有了點還稱得上是反應的反應。

「開口提問之前，自己先想一想如何？」

二、證據不足的嫌犯

証拠の揃わない容疑者

1

說到公務員，一般人很容易以為公務員可以享受到完整的週休二日，但如果是人手不足、案件又堆積如山的政府單位，可就沒有這麼好命了。這一點在檢察官和警察的圈子又更加顯著，關起大門不過就是謝絕訪客繼續湧入的權宜之計罷了。世人動不動就批評公務員坐領高薪，可是如果算上沒有加班費的假日出勤，簡直是有苦難言。但美晴走馬上任前並不清楚實際的情況，所以也不好多說什麼。

令人意外的是，就連不破也成了假日加班的俘虜。考慮到他的工作能力，還以為他可以在上班時間內完成一天的工作，但問題在於每個檢察官被分配到的案件實在太多了。而且對結果愈講究，花費的時間就愈多。

此刻，不破也坐在美晴對面的辦公桌前默默地閱讀筆錄。假日不用開庭，反而可以把時間完全花在文書工作上。所以本人好像一點都不在意。

單身的自己倒也罷了，但每逢假日都還要來上班的話，不破的家人不會抱怨嗎——思考到這裡時，美晴忽然想到一件事。

不破成家了嗎？還是依然是單身呢？到目前為止都還沒有問過他。

美晴從正在確認的文件中抬起頭來，偷偷打量著不破。坐三望四的菁英檢察官，穿著十分有品味，面無表情這點雖然要扣點分，幸好長相還不賴。這樣的男人基本上都已經有家室了。

視線望向他左手的無名指，美晴困惑了。

沒戴戒指。

該不會還沒結婚吧。

不過倒也不是每個已婚人士都會戴著戒指。就像美晴有些奉子成婚的男性友人不也都沒戴戒指嗎。

「我的手指有什麼問題嗎？」

不破冷不防抬起頭問她。

「咦？」

「妳從剛才就一直盯著我的左手看。」

難得對方主動跟她說話，明明可以趁勢問他已婚未婚的，可是美晴卻找不到適當的說詞。

「沒……什麼。」

「妳該看的東西不是我的手吧。」

話說回來，不破從來不提自己的事。在他底下工作已經過了快一個月了，但是不破連自己住在哪裡都沒告訴美晴。

一方面是因為美晴實在是忙得不可開交。事務官的工作十分繁雜，而且責任都很重大，每天都過著上緊發條的日子，根本沒時間追究上司的私生活。

另一方面是不破的態度也不允許她隨便亂問問題。美晴稱其為「出鞘的刀」。不破身上總是散發出一股生人勿近的氛圍，看不出絲毫情緒的臉也不例外，讓人覺得光是靠近就會被劈成兩半，相當可怕。

有時候她甚至會半開玩笑地心想這個男人真的是人類嗎。隨時隨地都能保持冷靜、從來不會感情用事、對於旁人沒有任何期待，就只是默默地完成可以確定的事。不得不承認他真的很有本事，但是沒有感情的話，不是跟電腦沒兩樣嗎。

「惣領小姐。」

「什、什麼事？」

「我臉上有什麼東西嗎？我們現在是犧牲假日來加班喔。如果不專心工作就沒有意義了。」

「……對不起。」

「妳先看這個。這是今天剛送來的初件案件。」

美晴走到不破身邊，就看到辦公桌上擺了厚厚一大疊檔案。如果是今天剛送來的初件，裡頭應該是警方製作的偵訊筆錄跟其他的搜查紀錄。

移送地檢分成直接將犯罪嫌疑人移交地檢的解送及只將相關文件送過來的函送。前者為了掌握案件的概要，會在初件之前把資料送到承辦檢察官的手上。負責閱覽這些當然是事務官的工作。

打開資料夾後，她馬上反應過來了。

這是幾天前引發社會大眾一片譁然的案件。

事情發生在四月十五日、西成區岸里的住宅區。晚間十一點三十分左右，二層樓公寓「Grancasale 岸里」206 號房的男性聽見同一層樓的 203 號房陸續發出男性與女性的哀號聲。這棟公寓住了不少有問題的住戶，每到深夜，不是有人跟同居人吵架，就是喝醉了大聲喧嘩。所以如果不是太大聲的話，

206號房的男性應該也不至於大驚小怪。203號房的住戶是個年輕女性，但是經常有男性留下來過夜。

然而，那兩人的哀號既不是吵架，也不是親熱的嬌喘聲。簡直像是從體內吐出生命的尖叫與呻吟。206號房的男性原本還想說摀住耳朵，忍忍就過了。

再加上又是星期五的晚上，「Grancasale 岸里」的住戶幾乎一半都不在。剩下的一半不是戴著耳機聽音樂，就是早已喝得爛醉了，所以聽見哀號聲的就只有206號房的男性而已。

然後到了隔天的下午五點二十五分左右，206號房的男性經過203號房前，就聞到一股奇怪的臭味。

不安的感受也助長了好奇心。於是他下意識地把手放在門把上，沒上鎖的門就這麼被打開了。

房間裡有一對男女的屍體。距離房裡發出叫聲已經過了十八個小時，異臭肯定是屍體散發出來的臭味。

男人打電話報警，西成署的警察立刻就趕了過來，接著判斷是殺人事件。

從遺留的物品研判，被害女性是這個房間的租客、二十五歲的須磨菜摘。喉嚨處的刀傷是致命傷，當場死亡。另一名被害男性名叫楠葉峰隆，三十四歲。是從以前就跟須磨菜摘半同居的上班族。男人的致命傷是深入胸部的穿刺傷。

屋內有打鬥的痕跡，但沒有翻箱倒櫃的痕跡。兩個人的錢包都還在，因此警方便依循仇殺這條線展開調查。案發現場留下一把疑似兇器的露營刀也增加了仇殺的可能性。

警方在附近確確實實地進行了查訪，得知之前就有個形跡可疑的男人在公寓附近徘徊，這也為仇殺增添了更強的說服力。

同時，過濾被害人的人際關係也有了成果。菜摘是從今年一月開始讓楠葉住進來，在那之前似乎也曾和別的男人交往。

最後在搜查過程中浮出水面的就是谷田貝聰，是在市內的居家用品店上班的三十五歲男性。

西成署要求他到案說明時，谷田貝猶豫了一下，但終究還是答應了。根據谷田貝的供述，他與菜摘交往了三年，去年年底由菜摘提出分手，如今還在持續談判。只不過，菜摘的同事所提供的證詞恰恰相反，他們說菜摘根本不覺得自己曾跟谷田貝交往過，實際上不過就是谷田貝單方面纏著她不放。

事情發展到這裡，警方對谷田貝的心證簡直是糟透了。西成署將本案定調為跟蹤狂殺人事件，對谷田貝展開了正式的偵訊。

谷田貝堅持自己不在場，卻又無法證明。不僅如此，到案說明時還從谷田貝身穿的連帽衫上找到菜摘的毛髮，更加坐實了他的嫌疑。最後警方以殺害兩人的罪嫌逮捕谷田貝，尚未取得自白就直接移送地檢。

菜摘生前並未報案，但是根據蒐集到的證詞建構出的情況，只可能是谷田貝的妄想失控，因而犯下了殘忍的跟蹤狂殺人案。媒體早就以極盡煽情的標題，搭配谷田貝那怎麼看都讓人覺得可疑的照片來報導本案。再加上之前才剛發生過另一件慘絕人寰的跟蹤狂命案，更令社會大眾義憤填膺，對谷田貝燃起了怒火。想當然耳，這些情緒對於負責偵辦的西成署及大阪府警本部都造成了莫大的壓力，也成了促使他們急於逮捕谷田貝的原因之一。

還沒看過偵訊筆錄，美晴就對嫌疑人谷田貝心生厭惡。她也知道辦案時絕對不能有所謂的預判，但是與被害人同樣身為單身女性，怎麼也無法容忍谷田貝的作為。

看完筆錄後，同仇敵愾的心情就益發強烈。由於是在警方主導下製作的筆錄，免不了對嫌疑人比較不利。但即使扣掉那些不利的部分，谷田貝的自私與偏執還是令人難以忽視。

菜摘去居家用品店買東西時，谷田貝對她一見鍾情。他認為兩個人從那個時候就開始交往了，即便是主觀的記述，但是讀了筆錄的人只會覺得那是谷田貝的妄想。明明只是客人與店員的關係，谷田貝卻對她異常親切，還會莫名其妙地送她禮物，一廂情願地喜歡她。

收到菜摘的投訴後，賣場主管斥責了谷田貝一頓，但是這反而讓谷田貝對菜摘更加執著。谷田貝本人在筆錄上供稱「阻礙愈多，我的愛就更加熱烈」，從客觀的角度來看，這完全是典型的跟蹤狂心理。

不理會賣場主管的警告，谷田貝的行為也一天比一天更接近跟蹤狂。像是寫信、尾隨、偷走菜摘的信件。還從電信公司寄給菜摘的帳單得知菜摘的電話號碼，然後開始撥打菜摘的手機，平均一天的通數竟然高達七十五通之多。菜摘實在忍無可忍，於是再次向居家用品店提出抗議。

因為是累犯，自然沒有從輕發落的餘地。對零售業而言最害怕的就是這一類的投訴。居家用品店直接開除谷田貝，但這項處分反而讓谷田貝的跟蹤與騷擾愈演愈烈。既然不用工作了，正好可以二十四小時都鎖定菜摘。

菜摘從今年開始與楠葉半同居，其中的目的之一大概也是為了牽制谷田貝的騷擾行徑吧。楠葉在一間中堅金融公司服務，單看照片就知道他長得十分俊俏，所以也不是不能理解菜摘想讓他住進家裡保護自己的心態。問題是被害者這邊的防禦行為只會變成讓跟蹤狂更加瘋狂的肇因。例如——

「好過分……」

美晴忍不住脫口而出。辦公室很安靜，就連咳嗽聲也聽得很清楚，所以不破瞥了她一眼。

「什麼事很過分？」

「谷田貝這個嫌疑人自我中心的程度。」

同樣身為女性，美晴實在無法壓抑泉湧而出的困惑與憤怒。而且不光是精神面的壓力，被害人甚至連命都賠上了。世人對這對情侶寄予無限同情也是意料中的事，同時對嫌疑人谷田貝聰抱持憎恨更是理所當然。

「被害人已經明確地表示自己很困擾了，卻還是往對自己有利的方向解釋，一直糾纏著被害人不放。自以為是悲劇的男主角，阻礙愈多，愈不肯放手。」

「跟蹤狂不都是這樣的人嗎。」

「男人或許可以這樣用一句話帶過，但是站在女性的立場，只會感到恐怖至極。不管自己說什麼、做什麼，都會被對方解讀成自己對他有意思。而且最後還跟真正的男朋友一起被殺害了，簡直是惡夢一場。谷田貝這個男人的實際年齡雖然已經三十五歲了，但是精神年齡比中學生還更幼稚。」

打開話匣子之後，大腦的一隅隱隱約約出現了一種感覺。自己是那種會被自己的聲音給激勵的人。看筆錄時只是事不關己的憤慨，但是說出口之後感覺就更清晰、情緒也更加亢奮。雖然平常壓抑得很好，但這個案子卻讓她無法淡然處之。

「我也看了嫌疑人的紀錄。五年前就曾因為傷害罪被判刑呢。」

「那又怎麼了？」

「當時的原因也是因為愛恨糾葛。懷疑女朋友劈腿，單方面毆打劈腿對象、讓對方受了要三個禮拜才能治癒的重傷。可是看了判決書之後，就發現這也是谷田貝一廂情願的單相思而已。可見這個男人又重蹈跟五年前一樣的覆轍，儘管已經被判過刑，卻完全沒有記取教訓。」

「所以呢？」

不破的語氣平靜到令人火冒三丈。

「嫌疑人還沒有承認自己殺害了那兩人。如果檢察官能在初件讓他認罪，公開審理一定輕鬆許多。」

「變輕鬆了，然後呢？」

「您所謂的然後是指？」

「給予相當於女性公敵的嫌疑人應得的懲罰，就會很有成就感嗎？還是說這樣能滿足妳的正義感，還能接受掌聲跟喝采？」

正因為表情毫無變化，反而讓語氣更顯得尖銳。

「我只是在說今後的判決方向。」

「這倒是不用妳擔心。」

美晴窮於回答，因為就連他到底是真的不開心，抑或只是單純地認為這是兩回事也分不出來。

「無論是女性的立場還是嫌疑人的精神年齡什麼的，到了法庭上都是枝微末節的小事，一點也不重要。」

美晴聽不下去了。

「多少還是有點不一樣吧。」

「沒什麼不同。」

警報開始在腦中響起。光靠法律條文或職業道德的論述是贏不了不破的。

但這是個人的原則問題。其他職業大概也不例外，立志成為檢察官的人怎麼能對自己的正義產生懷疑呢。即使比不上不破的真知灼見，對於正義，美晴也有自己的定義、也有認為應該要維護的堅持。

「檢察官的意思是說，做出跟蹤及騷擾的行為，讓女性陷入恐懼還不算是犯罪嗎？您對明明都已經被判過刑了，卻還再犯的谷田貝嫌疑人沒有任何想法嗎？」

「妳現在講的這些都不是法律人該說的話。跟那些在坊間咖啡廳針對雜談節目的話題討論得口沫橫飛的一般市民沒有任何不同。說穿了就只是茶水間聊八卦的程度。」

「您竟然說是聊八卦……」

「這個案子的焦點既不是跟蹤狂的行為、也不在於嫌疑人有沒有前科。訴訟的論點就只有被害人與同居對象一起遇害這個事實。妳到底有沒有搞清楚，本案的嫌疑人根本還沒認罪。要討論被害人的立場、嫌疑人的背景等問題，請等到嫌疑人認罪、要爭取量刑時再說吧。」

他說的一點也沒錯，所以美晴也無法反駁。

「而且就算是累犯，頂多就是不得緩刑、提高從重量刑的可能性，與訴訟的論點並沒有直接關係。因為被害人是女性、因為加害人是再犯……都只是情緒上不能容忍的問題而已，既無關社會正義、也不是法律上的公平正義。法律對於加害者和被害者是一視同仁的，不容許被嫌疑人的精神年齡或被害人的性別左右。更重要的是，妳根本誤解了檢察官的任務到底是什麼。」

「請問是哪裡誤解了？」

「檢察官並不是對嫌疑人定罪的機構，而是證明有違法行為後，提出告訴。說穿了，檢察官的任務就只有這樣而已，追究嫌疑人的行為、量刑、定罪是法官的任務。我們是法律的守護者，但不是執行者。應該憎恨的是其罪，而不是憎恨其人。即便如此，卻還是過度袒護被害人、一心只想懲罰加害人，抱著這種心態站上法庭的話，就像是揮舞著正義感的大旗，但行為卻與三歲小孩無異。幼稚的人其實是妳。」

一番完全感受不到熱情的滔滔雄辯。這才是不破的真本事。不會被激情沖昏頭，只是簡明扼要地抓住重點、有條有理地加以說明。法庭是個被邏輯支配的場域，所以沒有比不破更正確的態度了。就算辯方再怎麼情感豐富地動之以情，在不破的論述之前只會顯得空洞無比。

「妳報到的第一天，我應該就告訴過妳，表情都寫在臉上的人不適合這份工作。在那之後過了快一個月，妳還是沒辦法理解我告訴妳的事情嗎？」

「您的意思好像是在說檢察官不可以擁有自己的正義感。」

「並沒有人這麼說過。我想說的是，妳的正義並非建立於六法全書之上。一下子站在被害人的立場、一下子站在加害人的立場，立場變來變去的人根本沒資格談正義感。只不過是個人的好惡、是從眾的價值觀、是自以為是的懲罰意識。說是假正義之名行虐待之實也不為過。如果沒辦法改過來，現在還不遲，最好趕快去找別的工作。」

聽不破眉毛不挑一下、大氣也不喘一下地講完這番重話，美晴不僅找不到能反駁的論點，就連精神都萎靡了。他的表情既沒有惡意、也不見侮蔑，就像是單純把美晴的成績單在眼前攤開來而已，所以美晴只能陷入自我嫌惡的情緒。

內心忿忿不平地看完搜查資料，除了一堆間接證據，唯一的物證只有被害人的毛髮。搜查本部在送檢之後仍然在繼續調查，不過真的能在開庭前找到新的證據嗎？還是說不破有辦法讓谷田貝認罪呢？

動機、機會、方法，是構成犯罪行為的三大要素。只要湊齊這三項要素，至少就能維持公開審理。以谷田貝的情況來說，因為沒有不在場證明的關係，所以三大要素都已經湊齊了。接下來能準備多少為這三項要素背書的材料，應該就能決定本案的走向。不破心裡到底在打什麼算盤、又打算採取什麼對策呢？

美晴闔上資料夾，一面思考假如自己是承辦這個案子的檢察官，她會怎麼做。在她打算把資料還給不破、走近他的辦公桌時，他正在看的文件就進入了美晴的視野。

感覺很奇妙。

美晴也看過那份文件。是記載八木澤孝仁案相關證物的清單。

「檢察官，那個案子還有什麼問題嗎？」

「還沒找到那三項證物。」

以下是不破口中的三項證物。

A—23　從現場採集到的八木澤孝仁的毛髮

A—24　從現場採集到的疑似八木澤孝仁的腳印（照片）

A—25　從現場採集到的土

「可是檢察官，您已經證明八木澤孝仁不是兇手了。遺失的證據也不再具有存在價值，事到如今還要繼續追查嗎？」

已經忙得暈頭轉向了，為什麼還在拘泥這件事呢？

「比對清單與內容之後我發現了一件事。A—23到A—25好像是保管在另一個箱子裡。也就是說，不是這三件證物弄丟了，而是整個箱子都不見了。」

「……以遺失這個事實來說，結果不都是一樣的嗎？」

不破沒有回答這個問題，視線又落在文件上。

美晴愈來愈搞不懂這個人了。

離初件還有段時間，美晴想休息一下，就走出了辦公室。雙眼緊盯著一堆硬邦邦的文章和法律用語，即使美晴還年輕，也難免會感到疲憊。

另一方面，不破從早上開始就沒休息過，一直盯著紀錄看。這當然是因為他已經習慣了，不過那種集中力還是很驚人，絕非一朝一夕就能模仿的。

就在美晴靠著牆壁、抬頭仰望天花板的時候，從走廊的那一頭傳來了喊她的聲音。

「惣領小～姐，辛苦了。」

仁科課長邊揮手邊走過來。

「我知道值班很辛苦，但還是別露出現在這種表情比較好。」

「我的表情怎麼了？」

「少女的青春被工作給剝奪殆盡的表情。老是擺出那種表情，萬一養成習慣的話那該怎麼辦才好。再怎麼以升上副檢察官為目標，也不用模仿能面檢察官到這種地步喔。」

「我才沒有模仿他。」

「妳在他底下工作已經一個月了，適應了嗎？」

「多多少少能勉強適應他的毫無反應了。」

「光是這樣就已經很厲害了。因為就連我站到他的面前都還會覺得緊張呢。只要開始思考不知道哪裡做得不夠好、可能會被他看出來，就擔心得不得了。相反地，他本人倒是一點破綻也沒有，想挑毛病也沒得挑。光是想到要長時間和不破檢察官單獨關在一個辦公室裡，就覺得喘不過氣來呢。」

美晴靈機一動。不能問本人的話，那問問仁科好了。

「請問不破檢察官還是單身嗎？」

語聲未落，仁科的表情突然變得嚴肅起來。

「惣領小姐……妳該不會對不破檢察官有意思吧？」

「怎麼可能。我只是出於好奇。心想能跟他一起生活的人肯定擁有非常堅忍的美德。」

「印象中他應該還是單身。但他不會主動提自己的事，所以我也不是很清楚。啊，也不知道他是不是離過婚。」

聽到這裡，美晴也只能打消追問的念頭。不確定其他單位或民營企業的狀況如何，但職員間其實極少討論檢察官的家庭或外遇的八卦，幾乎讓人懷疑是不是有人下了封口令。

「就連總務課長也只知道這些嗎？」

「畢竟那個人完全不跟別人交流嘛。即使主管找他喝酒，他也都是拿工作當理由躲開了，而且實際上也真的留下來加班，所以主管也拿他沒辦法。」

不只不破，檢察官都不愛參加交際應酬的聚會。

這一個月以來，美晴深深感受到檢察官之間的勾心鬥角是怎麼回事。只要有機會就想出頭、只要有機會就想扯別人後腿——諸如此類的小動作多不勝數。當然這也跟高層的職缺僧多粥少脫不了關係，只要有人馬失前蹄，肯定也有人在背後幸災樂禍；只要有人立下大功，肯定也有人一整天都很不爽。就連在走廊上擦肩而過，也幾乎不打招呼，結果就是由如影隨形的事務官代為互相點頭致意。

「他其實是個非常注意細節的人，所以就算成家了，太太也不見得會很辛苦。」

「非常注意細節這點我同意。因為他剛才還在研究已經不需要的證物。」

「什麼意思？」

美晴掐頭去尾地向仁科說明了概要，結果仁科有些困惑。

「這有點沒效率呢。」

「沒錯。可是您不是說他的性格很謹慎嗎？」

「謹慎跟效率是兩回事。不破檢察官的調查手法確實滴水不漏，但如果是不需要的水，就應該果斷地放掉。必須好好地衡量把心力投注在哪裡才能獲得最大的效果，否則根本無法應付那麼多的案件。」

「……就是說啊。難道他是想向大正署和府警本部追究證物遺失的責任嗎？」

「嗯，但我認為如果他是那種會把寶貴的時間浪費在追究其他單位責任的人，應該會爬得比現在更高一點。」

「……說的也是。」

「惣領小姐，這件事，或許暫時靜觀其變會比較好喔。」

仁科意味深長地壓低音量。於是美晴也跟著小聲地反問。

「怎麼說？難道不破檢察官想做什麼危險的事嗎？」

「不是啦，剛好相反。那個人做的每件事都有他的用意，而且通常要到最後一刻才會真相大白。只是在過程中任誰也無法理解，而且他本人也不會透露。」

「是噢。」

「如果妳真的想成為副檢察官，就得徹底地吸收不破檢察官的行事手法跟思考方式。對妳肯定會有幫助的。」

2

谷田貝的初件從下午一點整開始。

把谷田貝帶到辦公室的是三名刑警。這三個人都來自府警本部，一問之下才知道他們是搭同一輛警車過來的。

光憑這個事實就知道府警本部對這次的案子可是嚴陣以待。一起引起軒然大波的跟蹤狂殺人事件，心狠手辣的嫌疑人葬送了一對幸福情侶的未來，真是令人髮指的冷血行徑。問題是大阪府警與西成署尚未得到決定性的證據，只能在嫌疑人依然否認涉案的情況下送檢。大失所望的民眾紛紛打電話向搜查本部抗議，聽說抗議電話多到甚至還對平時的業務造成了影響。

雖說搜查還在進行中，但是主導權已經移交到檢方這邊了。搜查本部大概也在期待承辦本案的不破能有精明幹練的表現。畢竟不破過去的實績足以擔得起這份期待。

「請坐。」

人身自由受到限制的谷田貝在不破的指示下就座。

雖說已經三十五歲了，但美晴覺得他的外表看上去要年輕許多。不，與其說是年輕，用稚嫩來形容還更加貼切吧。當裝出一副不良份子調調的年輕人經過歲月的洗禮，臉皮上的皺褶增加了之後，大概就會長成這副模樣吧。

一看就知道是便宜貨的連帽衫配上已經穿了很久的牛仔褲。球鞋是知名品牌，但是完全沒在保養，所以看起來很破舊。

「谷田貝聰，三十五歲。地址是大阪市浪速區敷津四十五之三，沒錯吧？」

「沒錯。」

「四月十五日晚間十一點三十分左右，你闖入位於西成區岸里的『Grancasale 岸里』２０３號房，攻擊屋裡的須磨菜摘小姐與其同居人楠葉峰隆先生。你用帶來的露營刀割開菜摘小姐的喉嚨、刺穿楠葉先生的胸膛，導致他們身亡。」

「沒有這回事。」

「請先聽我說完。你殺害兩位被害人後，將用來行兇的露營刀棄置於案發現場。因為你戴著手套，所以不用擔心會留下指紋。確定兩人死亡後，你就離開房間、小心翼翼地走下公寓樓梯。雖然時間已經晚了，但還是有一些房間開著燈，所以你很擔心還有住戶醒著。即便如此，因為你早就在各種不同的時段去過菜摘小姐的公寓好幾次，所以還是能從容不迫地行動。」

「不是這樣的。」

「之所以去過好幾次，是因為你從三年前認識菜摘小姐的那一天起，就持續對她展開跟蹤騷擾的行為。你自以為和她交往，其實只是你單方面在追求菜摘小姐。就連她的手機號碼，也是你從信箱偷走電信公司寄給她的帳單才會知道的。」

這應該是事實，所以谷田貝一聲也沒吭。

「每次菜摘小姐去你上班的居家用品店買東西，你都緊緊纏著她不放，還唐突地一直送她禮物。這讓菜摘小姐覺得不舒服，於是便向店家投訴。可是遭到賣場主管訓斥的你非但沒有收斂，跟蹤騷擾的行徑反而還更加執拗。像是偷竊郵件、尾隨、沒完沒了地發電子郵件給她。」

谷田貝低著頭，默默地聽著不破陳述。大概是認為殺人是一回事，但跟蹤騷擾行為確實有證據和目擊者，如果胡亂否定的話，就連否認殺人也會被視為說謊、不予採信。

真是卑鄙。美晴這麼想著。因為自己的妄想與偏執，已經有兩條人命被奪走了，卻還是死不認罪。

稍早之前，不破才說過站在被害人的立場、觀點變來變去並不是基於正義感，只不過是個人的好惡、是從眾的價值觀、是自以為是的懲罰意識罷了。真要說的話，美晴確實無法否認自己有這方面的情緒。不過與此同時，她同樣無法否定親眼看到谷田貝這種犯罪者時所感受到的憤慨。

美晴不是愛看熱鬧的人，也不是推崇挾怨報復、動用私刑的人。但她還是想為葬送在谷田貝手中的兩條生命出一口氣。倘若這樣的心情是從眾的價值觀或自以為是的懲罰意識，那就意味著唯有不帶私情、光明磊落的人才能執行正義了。

如果真有這樣的人，大概就只有神明才符合條件了吧。

「起初，你只要能跟菜摘小姐說上話就很高興、只要能互動就很滿足了。可是從今年開始，菜摘小姐開始跟楠葉峰隆這個男子半同居，你是不是因此覺得被她背叛了呢？」

「這還用說嗎？」

谷田貝慢條斯理地抬起頭來。

「我那麼誠心誠意地對她，菜摘卻視而不見。為了氣我，她還讓男人住進家裡。就算我們之間一直有些誤會，但這也太過分了。」

將不勝枚舉的跟蹤騷擾行為全部歸咎於誤會已經夠誇張了，竟然還擺出一副受害者的姿態，對於他自以為是受害者的態度，美晴已經不只是憤怒，而是無言以對了。這個人到底有多麼自我中心啊。

「你承認自己對菜摘小姐和楠葉先生抱持殺意嗎？」

「不，我才沒有什麼殺意。因為我是個溫和的人，而且我相信只要好好溝通，菜摘一定能理解、然後跟那個男人分手的。」

「溝通是嗎？既然如此，四月十五日的晚上，你為什麼要帶著露營刀去找她？」

「我才沒有那種東西咧。」

「你承認你去過公寓嗎？」

「我也沒去公寓找她。」

看樣子他果然打算只否認殺人的事實。

「聽我說，檢察官先生。我是打從心底愛著菜摘，所以我怎麼可能殺死菜摘嘛。」

「那麼四月十五日，你是為了什麼才去了菜摘小姐的公寓？」

「我沒去！」

谷田貝第一次大聲反駁。

「為了見菜摘，我是去過她的公寓好幾次。但四月十五日那天我真的沒去。這點我在接受調查時也跟負責偵訊的刑警說過了。」

谷田貝的語氣帶著抗議。莫非是想請檢察官為他在警方那邊所受的委屈主持公道嗎？

隨行的刑警一臉不耐煩地瞪著谷田貝，眼神裡充滿了被迫再聽一次已經聽到膩的謊言的無奈。

這次搜查本部派了三名刑警陪同谷田貝前來，結果不破嫌人多礙事，只留下了一人。

「那麼當天晚上十一點三十分左右，你人在哪裡、又在做些什麼？」

「打架啦。我人在難波，有個醉鬼找我麻煩，我就和他扭打起來。旁邊看熱鬧的路人打了電話報警後，警察隨即就趕來了，所以應該有留下紀錄。」

如果這話不假，再也沒有比這更牢不可破的不在場證明了。畢竟證人可是警察啊。

「你跟那個喝醉的人一起被帶到派出所嗎？」

「沒有。你想想，因為我有前科嘛，心想萬一被抓到就麻須了，所以趕在警察趕到之前我就先逃走了。不過那個醉鬼確實是被警察逮住，可是不曉得被帶往哪個派出所就是了。」

在後面聽的刑警邊苦笑邊搖搖手。

當然，搜查本部不可能不加以求證。可是向難波各地的派出所調閱當天的執勤紀錄一看，都沒有報告到他說的那件事。難波一帶是龍蛇雜處的鬧區，每天發生的糾紛豈止十幾二十件。然而搜查本部收到的報告之中並沒有谷田貝供稱的內容。

只要是大阪市民，尤其是住在隔壁大國町的人，沒有人不知道難波是那類糾紛層出不窮的街區。谷田貝大概是試圖捏造類似的故事來矇混過去，但只能說他的想法實在是太天真了。

「很遺憾，並沒有收到那樣的報告。」

「這不可能啊。請你們再仔細地調查一遍。」

「你還記得正確的場所和對方的長相嗎？」

谷田貝皺著眉頭，擺出一副正在回想的樣子。

「地點在順著道具屋筋一直往前走……從難波豪華花月劇場前的小巷子轉進去的地方。對方是個五十歲左右的上班族，找我麻煩的時候已經喝得很醉了。頭頂禿禿的……明顯的特徵大概就只有這些。」

顧名思義，千日前的道具屋筋是專賣烹飪器材及廚房用品的商店街，旁邊的巷弄林立著大大小小的餐飲店，無論哪個時段都是人山人海，不過大部分的專賣店都在晚上六點打烊，因此人潮在那之後會一口氣減少。由於證人也會跟著變少，如果要捏造十一點過後的不在場證明，那裡正是最適合的場所。谷田貝不可能不知道這一點。

剛才還在邊苦笑邊搖手的刑警這次改成搖頭了，臉上寫著「別再給我胡說八道」。

「也就是說，你十五日並沒有去找她。既然如此，為什麼到案說明的時候會在你的連帽衫上發現菜摘小姐的頭髮？」

「那是因為我十五日以前接觸過菜摘。」

「什麼時候？是怎麼接觸的？」

「案發前一天。我在菜摘回家的途中給了她一個擁抱。菜摘嚇了一跳，所以有稍微掙扎了一下，大概是那時候沾上去的吧。」

美晴真想叫他閉嘴。

還說什麼給她擁抱。被一天到晚糾纏自己的跟蹤狂突然抱住，無論是誰都會嚇個半死、拚了命地抵抗吧。

一路聽下來，美晴只覺得自己對谷田貝的偏見愈來愈深。光是將他的說詞輸入電腦，心情就愈來愈惡劣，而且怒火愈燒愈旺。

然而不破還是一樣冷靜。

「你的意思是說，你是在十四日接觸了菜摘小姐，但是你到案說明是在十八日。在這四天之內，你一次都沒有洗過那件連帽衫嗎？」

「這個嘛……對。應該沒洗過。」

真是令人啼笑皆非的說詞。那個刑警又開始苦笑了。

或許是察覺到室內的氣氛，谷田貝變得有些慌張。

「檢察官先生，請你相信我。我沒有殺那兩個人、我有不在場證明。拜託你們再仔細地調查一次。」

谷田貝急到身體都要往前探出去了，但腰繩還握在刑警的手中，所以只能微微前傾。看在美晴的眼中，就像是被拴住的狗正在抵抗。

「調查是我們這邊的工作，你擔心自己就好了。已經請好律師了嗎？」

「還沒有。」

「大阪律師協會登錄有四千位律師。地檢無法居中斡旋，但如果你經濟方面還算寬裕的話，建議你多花一點錢請個優秀的律師。」

只不過——不破又補了一句。

「不管你請誰為你辯護，結果大概都差不多吧。」

瞥了啞口無言的谷田貝一眼後，不破就轉向那個隨行刑警。

「今天就到此為止，麻煩你帶他回去。」

即使刑警已經把谷田貝帶走了，美晴還是緊盯著不破。

雖然他最後對谷田貝說的那句話令美晴感到大快人心，但是比起一般人還慎重許多的不破很少會說出這樣的話。儘管沒有表現在臉上，或許他也打算讓那個跟蹤狂接受法律的制裁吧。

這讓美晴稍微對他產生了一點親近感。

「剛才嚇了我一跳。」

「什麼？」

「我還是第一次看到檢察官向嫌疑人宣戰。」

「我不懂妳在說什麼。」

從他的表情看不出真意，但顯然不是在開玩笑、也不是在自謙。

「您剛剛說『不管你請誰為你辯護，結果大概都差不多吧』。」

「完全就是字面上的意思。我只是向他說明刑事案件的有罪判決率高達百分之九十九點九，僅此而已。」

真的是這樣嗎？美晴並不這麼認為。不破這個人絕對不會去做沒意義的事、也不說無謂的話。仁科形容他是效率主義者，形容得一點也沒錯。這樣的人會特地告知嫌疑人大家都知道的常識嗎？

「目前證據還不足，對吧。」

檢察官必須在犯罪嫌疑人移送地檢的二十四小時內決定要不要起訴。

搜查本部蒐集到的證據全都缺乏關鍵性的定罪材料。首先是案發現場並沒有發現谷田貝的遺留物。毛髮、體液、指紋、腳印都是菜摘和楠葉的。如同先前所述，兇器上沒有指紋。那把露營刀是一種被稱為 Carabiner 型的款式，不光只有運動用品店，是連居家用品店也買得到的便宜貨，在市面上流通甚廣，基本上不太可能從廠商追溯到最終的使用者。

另外目擊者也是個問題。即使在案發現場周邊鍥而不捨地打聽，還是只有 206 號房的男性有聽見菜摘與楠葉的聲音，除此之外並沒有人看到可疑人士。

再加上被害人並沒有針對谷田貝的跟蹤行為正式報案，也是造成本案窒礙難行的要因。是菜摘沒有危機意識、還是警方懶得正視呢？總之轄區沒有菜摘報警並尋求協助的紀錄，直到最後悲劇的發生。光靠第三者的證詞和菜摘手機裡的紀錄還無法證明谷田貝的行為舉止既卑劣又帶有反社會性，如果可以的話，要是能有正式的報案紀錄就好了。

不過，要是菜摘曾經報過案的話，轄區員警的應對處理就會被質疑了，這樣的話也很棘手。

在這種情況下，美晴認為谷田貝十之八九就是真兇，但如今還缺乏能夠指證他就是兇手的直接證據。倘若對方真的請了優秀的律師，也不是百分之百不可能翻案。

但是不破一點也不介意。

「無妨。」

「真的嗎？」

「移送地檢之後就是檢方的案子了。無論證據充分還是不充分，都要在公開審理之前做好勝訴的準備。」

換言之，為了有利公開審理的進行，不破又必須獨自展開調查了。屆時美晴當然得帶著檢察事務官的證件與不破同行。

不破究竟想去哪裡？又打算調查什麼呢？

美晴還在思考時，不破桌上的電話響了。

沒有打給身為事務官的美晴，而是直接聯絡不破，可見是很緊急的事情。

「我是不破。」

就連電話內容是好消息或壞消息都猜不出來。美晴正覺得焦躁，不破就簡短地結束了對話，把話筒掛上。

「次席找我。」

這不是什麼稀奇的事。就在美晴才剛剛好奇是什麼事情的瞬間，不破就下令了。

「妳跟我一起去。」

「我也要去嗎？這是次席檢察官的要求嗎？」

「是我的要求。」

次席檢察官的辦公室比不破的更加寬敞。而且不同於經常用來偵訊嫌疑人的檢察官辦公室，次席的辦公室無論是擺設還是家具顯然都更加高檔。

「怎麼，你把事務官也帶來啦。我明明只叫你一個人過來的。」

「事務官與檢察官是一體的，請問有什麼不方便嗎？」

四平八穩、不容置疑的語氣令對方無法再多說什麼。

大阪地檢次席檢察官，榊宗春。

穿著剪裁得宜的合身西裝，以及讓人覺得性格溫和的樣貌。如果沒有任何的預先理解，第一次見到他的人，大概絕對料想不到他會是大阪地檢的第二把交椅。

不過，既然當到了大阪地檢的次席檢察官，在這個圈子裡也沒有不認識他的人。特別的是，榊是以多年前發生的特搜部主任檢察官竄改證據事件為契機而全面換血後的人事新星，力圖徹底重新審視大阪地檢的全部業務與命令系統。除了原本協助檢察長的職務外，還得代表地檢出席記者會，可以說是大阪地檢的看板人物。

身為一介檢察官，面容和名號還要像這樣無人不知、無人不曉，除了他以外，頂多就只有東京地檢的岬恭平次席檢察官吧。司法界的相關人員都將這兩個人並稱為「東邊的岬、西邊的榊」，嘴上比較不饒人的人們則是打趣似地起鬨、稱他們為「鬼岬、佛榊」。至於榊是不是佛，看法大概見仁見智。世間謠傳他帶著笑容懲處的檢察官與職員，人數用兩隻手也數不完。

榊請不破坐下後，不破在他對面就座。美晴則是宛如不破的影子那樣站在後面。

「西成那個案子，初件已經結束了嗎？」

榊單刀直入地問道。不破大概早有預料，連眉毛也沒動過一下。

「剛剛結束。」

「檢察官的心證如何？」

「先不論對嫌疑人本人的心證，西成署和府警本部的搜查內容讓我覺得不甚完善。」

「因為時間上的限制，難免有些不盡完善的地方。特別是這次還受到各界希望盡速破案的壓力，搜查本部有些急就章也實屬難免。」

「負責偵辦犯罪的人急就章，能有什麼好處嗎？」

「有時候急就章也是很重要的。愈快著手進行、就愈不容易受到攻擊。若是備受社會大眾關注的案件，搜查上採取快攻戰術也會成為他們評價的要點。」

「從增強社會大眾對司法的信心這個角度來看，我承認您說的確實有道理。不過，欲速則不達的可能性也很高。考慮到後面收拾殘局的人的辛勞，我實在是無法一笑置之。」

美晴聽著兩人的對話，感覺呼吸愈來愈困難。

聽起來是很紳士的對話，但每個字都是針對搜查方針的交鋒。而且榊都已經維護搜查本部的急就章作為了，不破還是毫無所懼地闡述原理和原則。這實在不是該對主管說出口的話，兩人之間也有些擦槍走火的感覺。

「您特地找我過來，只是為了激勵我嗎？」

「我們家的王牌根本不需要激勵吧。更重要的是，不用我激勵，不破檢察官想必也知道必要的時間與方法。等等，我可不許你說我在抬舉你喔。因為我和檢察長都是這麼想的。」

「那就謝謝謬讚了。」

這個男人真有一套。大阪地檢的頂點和第二把交椅都明確地給出高度評價了，所以不破也不能無視地檢的方針。總之，這就是給予高度評價的懷柔政策。

不料榊的語氣突然有了變化。

「檢察長也非常關心這次案子的進展。不只因為本案是眾所矚目的重大刑案，也是因為社會大眾都在等著看地檢要如何在證據不足的不利條件下力挽狂瀾。世人的懲罰心態，已經不知不覺轉換成對地檢的期待了。換句話說，萬一做出減刑或是無罪判決，到時候社會大眾跟媒體的砲火都會集中在地檢頭上。我想你應該很清楚，我們並不是害怕批判，而是擔心萬一失敗的話，會動搖人們對地檢的信賴，乃至於對司法的信賴。」

說得頭頭是道，但就連美晴也聽得出他的弦外之音。檢察長和榊都鎖定了下一個職位。一切順利的話，到了明年的人事異動，檢察長應該就能升為高等檢察廳的次席檢察官，而榊則是成為某個地檢的檢察長。

當然，這是指一切都很順利的情況。

只搞砸一個案子的話，對檢察長及次席檢察官的升官之路可能影響不大，但肯定會在經歷上留下瑕疵。對於已經將下一個職位納入射程範圍的人來說，就算影響微乎其微，也會希望盡可能排除所有的不安要素吧。

因此跟平時相比，這個案子更不容許失敗。從更深一層的角度來看，還能合理推測正是基於這個原因，才會任命不破來負責這個案子。

「我知道不破檢察官做事一向無懈可擊，但還是希望你能明白自己責任重大。今天請你過來一趟就是為了這件事，你理解了嗎？」

「是的，我很清楚。」

「那就好。你可以回去工作了。」

不破站起來，微微鞠了個躬，接著迅速地轉身。美晴也行了一禮，急忙跟著出去。

離開次席檢察官的辦公室後又過了一會兒，美晴三步併成兩步地與不破並肩而行。

「檢察官，我可以問個問題嗎？」

「什麼事？」

「讓我跟著一起來是有什麼理由嗎？我覺得您早就預料到次席檢察官找您是為了什麼事了。」

「這件事怎麼了嗎？」

「您都已經猜到次席檢察官找你的目的了，卻還是要求我同行，是為了讓我理解地檢目前的處境嗎？」

「不是。」

不破想也不想地一口駁回。

「事務官是我的護身符。」

「護身符？」

「如果是一對一單獨談的話，不難想像他會說得更露骨。但如果還有第三者在場，次席的發言也沒辦法太過忽視自己的立場。實際上也確實如我所料。」

3

居然被當成護身符，真是太看得起美晴了，但是能直接聽次席檢察官說話，也算是頗有收穫。榊是在傳達檢察長的意思，所以說是大阪地檢全體一致的意見也不為過。

「可是檢察官，露骨的話是指什麼？」

「威脅。一旦決定要起訴，就得無所不用其極地讓法官具體求刑，或是做出類似具體求刑的判決。辦不到的話就要好好思考自己的去留了。」

美晴有些吃驚，但不破的語氣依舊沒有任何抑揚頓挫。

「怎麼這樣。簡直是最後通牒嘛。」

「不是簡直，就是最後通牒。」

確實是很露骨的話，美晴可以理解不破稱自己是護身符的理由了。

「不過就算沒有當場明說，反正到了異動的時期，還是能動用人事權……」

「只要說出口，就能取得口頭約定。這是次席檢察官常用的手段。」

不破淡然地說道，邁著大步往前走。

美晴追上去，內心感到一股靜謐的戰慄。雖然早就已經深刻地感受到檢察官之間的勾心鬥角與針鋒相對，但是親耳聽見這麼赤裸裸的懲罰性人事安排，仍不免感到心驚膽戰。

大概是前主任檢察官引起的醜聞所留下的後遺症吧。就連美晴這個才剛剛走馬上任的菜鳥事務官都這麼想了，可見那樁醜聞給大阪地檢造成了多深的創傷。

特搜部的主任檢察官竄改其負責的案件證物，之後因為涉嫌湮滅證據被捕。在那之後，特搜部長與副部長也因為藏匿犯人的嫌疑被補，有三位檢察官都受到免職的懲戒處分。不僅如此，還有四人受到減薪處分、一人被警告處分、一人被訓誡。特搜部一直是檢察廳的門面，同時也是公認的菁英份子集團。但是在肅清整頓的風氣之下，就算是菁英份子也不過是一粒塵埃，不難想像檢察官們的心情有多麼動盪。仁科等人甚至還小聲地評論過「那件事給大阪地檢的檢察官留下了紮紮實實的心理創傷」。

然而，好不容易換上一批新面孔，要是又因為本案受到社會大眾的批判，大阪地檢的名聲無疑會再次掃地的。搞不好就會像上次的處分那樣，最高檢察廳可能又會來個人事大地震。如同仁科所說的，倘若先前的懲罰性人事安排已經成為大阪地檢的心魔，那就更不用說了。即使只是些微的刺激，也會讓過敏的傷口產生反應。

表情肌這才為時已晚地因為緊張而僵住。就連美晴都能意會到事情的嚴重性，不破應該比她更清楚本案的成敗非同小可。

二十四小時的期限讓人感受到前所未有的迫切。

不破一回到辦公室，就再次打開谷田貝的檔案資料。檢察官在偵訊結束後重新確認內容的話，大概是準備進入最後的階段了。接受次席的忠告後立刻著手準備起訴，不破也挺機靈的嘛。美晴深感佩服。

然而不破只瞄了資料夾一眼就站起身來，準備要外出。

「檢察官，您要到哪裡去？」

「西成署。」

「不先寫起訴書嗎？」

「同樣的話別讓我說兩遍。」

不破回答的同時已經披上外套，朝著門口走去。與檢察官如影隨形的美晴也就只能跟上了。她還無法完全理解不破的行為模式，但有一點是可以確定的，那就是他還不打算起訴谷田貝。

美晴雖然在大阪出生，但是因為生活圈不同的關係，所以從來沒有踏進過西成區，因此她還是第一次看到西成署。

雖然跟著不破拜訪過許多警署，但她還是被西成署那異樣的外觀給震懾住了。簡直就跟要塞沒有兩樣。

周遭被高聳的柵欄與鐵窗給圍繞，大門還是鐵製的。實在不是個能讓人產生親近感的建築物。一問之下才知道這是為了自我防衛用途，因為這一帶的勞動者經常引發暴動。

「好可怕啊。」

美晴小聲地呢喃著。但也不知道不破到底有沒有聽見，還是毫無回應。

在一樓的櫃台說明來意後，就被告知要先到會客室去等候。原本還以為會有員警來帶路，結果好像沒有那樣的跡象，不破就自顧自地往前走。

「檢察官，您知道會客室在哪裡嗎？」

「我來過好幾次了。」

雖然不至於對別人的地盤知之甚詳，但這個男人該不會去過大阪府內所有的警署吧，一下子就熟門熟路地找到了會客室。

可是都等了十五分鐘，感覺還是沒有人要過來的樣子。實在很難想像他們會毫無理由地讓地檢的承辦檢察官枯等，但不管是什麼理由，也讓人等得太久了。

「這裡特別忙嗎？」

美晴窺探不破的反應，但是不破那張能面還是沒有變化，無從判斷他是不是覺得不耐煩了。

「多半不是因為忙碌的關係。」

「那為什麼要讓我們等這麼久？」

「很簡單。我們被討厭了。」

「……您知道我們被討厭的理由嗎？」

「妳有被別人討厭過嗎？」

被這麼一問，美晴連忙在記憶庫裡翻箱倒櫃。她從小學時代就是那種廣結善緣的人，但班上還是有一、兩個討厭自己的人。中學、高中時期也是一樣。

「我想應該跟一般人差不多，有人喜歡我、自然也有人討厭我。」

「妳知道那些人為什麼討厭妳嗎？」

「……我沒辦法馬上回想起來。」

「人總是在自己不知情的情況下被別人喜歡或討厭。人類的好惡就是這麼一回事。」

美晴的直覺判斷他在說謊。

不破知道自己被討厭的理由。不是人格方面的問題，而是身為承辦檢察官而受到輕蔑的理由。

又等了五分多鐘，門總算開了。走進來的是一個體型肥胖的中年男子。

「哎呀，不好意思讓您久等了。我是之前承辦谷田貝那起案子的大矢。」

「我是大阪地檢的不破。」

如同初次見面該做的程序、大矢遞出了名片。名片上印有「大阪府警西成警察署　刑事課強行犯係警部補　大矢智德」。從階級判斷，他的職位應該是係長。令人在意的是他用的是過去式、說自己是「之前承辦本案的人」。大概是覺得既然已經移送地檢，谷田貝的案子就不歸自己管了，但不破顯然是對轄區的調查結果不滿意，所以才會找上門來。

「不過果然名不虛傳呀。早有耳聞不破檢察官是個勤跑轄區的人。」

「都是為了工作。」

「谷田貝的案件已經完成送檢作業，請問您來轄區還有什麼指教呢？」

「請我看一下實際的證物。」

大矢貌似意外地瞪大了雙眼。

「送檢的時候，證物應該已經隨當事人一起送過去了才對。」

「有些東西沒有在資料裡吧。例如作為兇器的露營刀和兩位被害人的血跡、體液、毛髮等，就是這些。」

「只看照片還不夠是嗎？文書化不就是為了省下將體積龐大、數量又多的證物搬來搬去的麻煩嗎。」

「沒錯，所以我才特地跑一趟。當初是與府警本部一起偵辦，移送地檢後，全部的資料應該已經送回西成署了。」

「嗯，這倒是沒錯。」

大矢似乎感到很困惑。不破始終面無表情，所以也無從判斷他到底是不是在開玩笑。美晴則是在心裡為他鼓掌。

「這其實就像是我的做事風格吧。光靠紙本的資料說服不了大腦。」

「您的意思是說，我們提出的資料無法完全被信賴嗎？」

大矢的語氣很尖銳。擺出就算是檢察官，也不容許對方出言挑釁警方尊嚴的備戰姿勢。

「不是信賴與否的問題，最多只能算是手法的問題。檢察官必須在留置期間的二十四小時內決定要不要起訴。請理解成是為了這個目的而採行的必要工序。」

「可是啊……」

「既然都已經送檢了，我認為警方理應協助檢方。難道有什麼不方便的地方嗎？」

「……可以稍等一下嗎？」

「我們已經在這裡等了二十分鐘，跟警部補對話又過了五分鐘，你還打算讓我等多久呢？」

輕描淡寫的語氣反而更讓人覺得毛骨悚然。大矢一臉困惑，試圖確認不破的用意。

「很抱歉讓您久候。可是啊，我想檢察官也知道，西成署的管轄區內總是有狀況源源不絕地發生，刑警們都出去忙了。我們大概是大阪府警裡頭最忙碌的轄區吧。所以啊，您沒有預約就突然找上門來，還要求馬上提出資料……」

「警部補，你似乎不用去現場呢。」

「這是當然的啊。負責指揮的人要是在警署或本部跑來跑去，這要怎麼統籌協調。」

「也就是說，即使頭腦有在全速運轉，但是身體卻沒怎麼活動到。既然如此，可以直接請你協助嗎？」

「不不不。檢察官，我已經為讓您等候的事道過歉了，您就不要再記仇了。我不只要指揮部下，還得跟很多地方保持聯絡，已經忙到連貓的手都想借來用了◆。」

「雖然不是貓，但我的事務官可以借你喔。」

不破面不改色地指著美晴。怎麼也沒想到他會把自己拱出來，偏偏自己又不能違逆檢察官的指示。美晴已經做好心理準備、要被軟禁在滿是塵埃與霉味的資料室裡了。

不料大矢還在繼續抵抗。

「資料室是統一管理的，我只是強行犯係的人員，既不能直接進去，也不能讓外人進去。」

聽起來很有道理，但是聽在美晴耳裡就只覺得他在推拖。這個人到底是多麼不想協助檢察官辦案啊。

「那我只好直接拜託那位管理者了。」

「不巧，那個管理者現在剛好不在。」

「請告訴我那位管理者的階級與姓名。」

不破與大矢的你來我往就像是在下一盤拚命想要將死對方的棋局。雖然覺得自己有點幸災樂禍，但美晴也很好奇這一局究竟會鹿死誰手。

或許是窮於應付，大矢投降似地攤開雙手。

「知道了、知道了，那先讓我跟管理者打聲招呼。」

語聲未落，大矢就拿出手機，轉身背向他們撥了電話。

「我是大矢。檢察官說他無論如何都想看一下谷田貝案的證物……對呀，我也這麼跟他說了……好，好的……呃，這個嘛……是，好的……那就先這樣。打擾了。」

大矢回過頭來，毫不掩飾臉上不耐煩的表情。

「資料室在地下樓層，鑰匙有專人保管，所以我現在必須要去櫃台拿。請問二位是要先去資料室前等我，還是在這裡等我回來？」

「在這裡等吧。」

聽完不破的回答，大矢便走出了房間。

如果是注重安全的民營企業，為了防止第三者入侵，通常都會採用電子鎖。這種鎖可以讀取鑲嵌在員工證裡面的ＩＣ晶片後開啟，只要員工證沒有被搶走，第三者就不可能入侵，而且還能留下進出紀錄。

然而專門防止犯罪的警察署，絕大部分的單位卻還是仰賴類比式的管理，這真的只能用不可思議來形容了。不知道是因為認為警察署是警察的堡壘，所以不需要內部的安全控管，抑或只是預算不足。

◆日本諺語，原文為「猫の手も借りたい」。意指忙得不可開交，就算是貓都想找來幫忙。

美晴在懷抱錯愕情緒的情況下等待大矢回來，可是五分鐘過去了、十分鐘過去了，還是不見人影。美晴小時候就被人說是急性子，一不小心就會露出不耐煩的表情。當上事務官後，她一直隱藏自己的壞習慣，但是現在受到這麼無禮的對待，也讓她開始有點沉不住氣了。

「向署長抗議吧。」

高分貝的音量響徹整間會客室。

「沒必要對這種待遇忍氣吞聲。況且只要透過署長，馬上就能看到資料了。」

「別這麼大聲。」

不破的態度彷彿是在驅趕眼前的蒼蠅。

「接下來才是要出力的時候，別把體力浪費在這種地方。」

「可是這關係到檢察官的面子。」

「面子這種東西就拿去餵狗好了。不對，連狗都不吃吧◆。」

「被人這麼對待，您都不在意嗎？」

「還有其他更讓我在意的事。面子、體面什麼的，交給上面的人去煩惱就好了。他們領薪水就是為了守護那些東西。」

「那麼，檢察官在意的到底是什麼？」

「沒必要向妳說明。」

想與他同仇敵愾卻遭到拒絕。意思是影子只要乖乖跟在主人身邊就好嗎？

接著又等了十五分鐘，就在美晴的忍耐已經瀕臨極限時，大矢總算回來了。

「哎呀，真是不好意思。我一直找不到管理者。」

你剛才講電話的對象不就是管理者嗎？美晴真想揪起他的衣領質問。

「真是麻煩你了。」

不破不以為意地站起來。

有勞你花了這麼多時間，以後西成署送檢的案件我也會多花一點時間，好好地琢磨琢磨——至少也該暗諷他一下吧，但不破似乎連這點興致都沒有。

大矢帶著他們下樓。資料室就位於地下樓層的最角落。

「就是這裡。」

這種事只要抬頭看看掛在上面的標示牌就知道了。

大矢開了鎖，先讓不破與美晴進去。

老舊紙張特有的霉味與濕氣突然就竄進了鼻腔。或許是因為陽光照不進來的關係，日光燈的慘白光線看起來極為貧弱。

◆日本俗語。狗是雜食的動物，過去人們經常會拿人類食用後的殘羹剩菜給狗當食物。因此這句話在這裡先是意指面子是「不需要的東西」。而不破後續又補了一句「連狗都不吃」，也顯現出他自己對面子有多麼不屑一顧。

室內的空間相當寬敞，但鐵架擺放得雜亂無章，給人侷促的印象。每個鐵架之間只能容許一個人勉強通過。

鐵架上亂七八糟地堆滿紙箱。這時美晴才終於明白，是堆積如山的紙箱遮住日光燈的燈光。這就是光源雖多，但房間裡依舊陰暗的原因。

自己的職責是擔綱不破的手腳，必須取回截至目前為止耗費在枯等的時間。於是美晴就問大矢。

「請問谷田貝的搜查資料在哪裡？」

還以為大矢會主動搬出那箱資料，再不然也會告訴她放在哪裡，沒想到大矢違背了她的期待。

「不好意思，我也不清楚呢。」

「欸？」

「因為案子太多了嘛，根本沒空用案件編號或發生日期加以整理。頂多依照案件送檢或告一段落的順序塞進還有空位的地方。箱子外面當然有寫上案件名稱，不過只寫在頂部而已，所以堆成一落的地方除非一箱一箱搬開，不然連案件名稱都看不見。」

「怎麼會管理成這樣？」

「聽起來雖然很像藉口，但真的是因為案子太多了。光是要處理正在發生的狀況就已經疲於奔命了，實在沒有餘力再來整理已經結束的案件。事實上，偵辦結束的資料一旦超過保管期限，不是物歸原主、就是銷毀處理。」

「可是這樣要怎麼找資料呢？」

「那就是碰到狀況再說囉。到時候就由強行犯係全體人員採行人海戰術，展開地毯式的搜索。」

「所以，我們要找的資料也……」

「唉，真抱歉。搜查員幾乎全部出動了。我也有別的事要處理，分不開身。」

大矢假惺惺地在臉上堆出歉意、猛搔著頭，一看就知道他根本就言不由衷。

「總之我先把門鎖上，你們結束後請再打內線電話通知一樓櫃台。對了，如果同一起案件有好幾個紙箱，會在案件名稱後面標註（1）、（2）之類的編號。」

沒想到大矢居然就這麼轉過身，頭也不回地走出資料室。

「真不敢相信……」

被人拋在腦後的美晴目瞪口呆地在資料室裡茫然四顧。林立的鐵架上擁擠地堆滿了紙箱，比起資料室，說是倉庫還比較貼切。儘管還不到大海撈針的地步，但是困難度就好比要在堆積如山的稻草堆裡找出一根針。

還沒開始動工就已經先嘆氣了。

「檢察官，這也是故意找碴。」

怨言自然而然地脫口而出。

「只有我們兩個人，要從這裡找出谷田貝案的搜查資料根本是不可能的任務嘛。明知不可能，他還故意全部丟給我們。」

這次真的是忍耐已經到達憤怒的臨界點了——美晴半是畏懼、半是期待地等待不破後續的表態。但這個男人既沒有表現出憤怒的樣子，也不見放棄的跡象，就這麼走向其中一個鐵架。

「檢察官。」

「動手就好了，別動口。兩邊一起動的話只會更累。」

「被看扁成這樣，您不會覺得不甘心嗎？」

「要是妳這麼覺得的話，就趕快從這裡頭找出我們要的東西，這才是最好的報復。」

「真的就只靠我們兩個人嗎？」

「如果妳不幫忙的話，就只有我一個人來做了。」

不破從他帶來的公事包裡拿出一大疊資料。夾在裡面的是寫滿了案件名稱的清單。

「這是？」

「西成署過去三年送檢的案件清單。依照送檢的日期依序排列。」

「您要找的是谷田貝案的搜查資料吧？」

「那是最主要的目的，但既然西成署特地為我們敞開了資料室的大門，就應該好好接受他們的好意。」

「您到底打算做什麼？」

「非常簡單的比對作業。如果從架子上搬下來的箱子剛好出現在清單裡，就打勾做記號，就只有這樣而已。一直比對下去也能找到我要找的箱子在哪裡。」

「這項作業有什麼用意嗎？」

「事務官不是檢察官的影子嗎？」

不破已經開始著手作業，看也不看美晴一眼。

「影子會一直追問本體移動的理由嗎？」

意思是廢話少說，照著做就對了。

美晴強忍住就快要噴發而出的不滿，開始協助不破。比對的步驟本身很簡單，累是累在要把堆得比人還高的箱子搬下來。將立在房間一角的梯子拉過來，開始反覆不斷地由上往下搬。美晴自認已經算是比較有力氣的女生，但塞滿搜查資料的箱子重得不得了，每搬下一個，兩條手臂都會奮力提出抗議。

不僅如此，與倉庫沒兩樣的資料室根本沒有認真打掃。上層的箱子積了厚厚一層灰，美晴的頭髮及套裝沒兩下就搞得白茫茫一片。

乾脆脫下外套、挽起袖子，感覺就像是在年終大掃除。好不容易通過嚴格的事務官錄用考試、成為檢察官的手腳，為何非得做這種搬上搬下的苦工不可？美晴捫心自問，但檢察官本人都默默地動手了，所以也由不得美晴抱怨。

起初還算可以的氣勢也隨著腰痠背痛逐漸萎靡。進行一段時間後，每搬個四次就有一次得坐在梯子上稍微休息一下。

然而，不破好像完全不用休息，一直都在作業。美晴休息的身影肯定也被他看見了，但是他既沒提醒、也沒斥責。看到這樣的情景，美晴不禁疑惑到底是什麼樣的力量在驅動著這個男人。

「檢察官。」

「又怎麼了？」

「稍微休息一下吧。」

「不用妳操心，有必要的時候我自會休息。」

「差不多也該告訴我您的目的了吧。」

美晴下定決心後問道。

「我知道影子不該一直問本體理由。但是要消耗這麼多時間與勞力的話，我還是想知道原因。」

「妳認為我會毫無意義地把箱子搬來搬去嗎？」

不破依舊看也不看她一眼。

「我不這麼認為。」

「那是不願意服從我囉。」

「也不是這個意思……」

「如果一定要有動機，那我就舉一個給妳聽吧，因為我覺得這背後有人在操作。要是真的有人為操作，就得搞清楚是怎麼回事，否則就無法放心地踏出下一步。」

「什麼人為操作？」

「剛才妳也多多少少感受到西成署的操作了吧。妳不覺得這麼不合作的態度，除了公務繁忙以外還有別的原因嗎？」

在這之後的幾個小時內，不破就只是專心地埋頭苦幹。美晴再次對他的專注力佩服得五體投地。完全不聊天、也不休息，只是一心一意做事的模樣簡直就跟機器人沒兩樣。

清單上記載的案件名稱一一被打上勾。就在八成以上的案件名稱都被打勾做記號時，美晴終於找到他們要找的箱子了。

「找到了！檢察官，找到谷田貝案的搜查資料了。」

聽到美晴的報告後，不破從梯子上爬了下來。

雖然滿心期待不破的表情會不會因此稍微和緩一點，可惜那張能面還是一點變化也沒有。

「在哪？」

美晴一指著紙箱擺的位置，不破就走到那附近，接著開始檢查周圍的箱子。

「怎麼了嗎？」

「不在這裡。」

「那個，谷田貝案的資料就在那邊。」

「案件名稱後面寫了個（1）。想想大矢警部補說過的話，案件名稱有編號，就表示箱子不只一個。既然如此，（2）應該要放在（1）的旁邊才對，可是卻找不到。」

不破又繼續找了好一會兒，才終於放棄。

資料室大致已經翻了一遍，清單上的案件名稱也幾乎都打了勾。看著清單的美晴不由得感到一頭霧水。

除了只能找到編號（1）箱子的谷田貝案之外，還有另外兩起案件的資料也不在這裡。

「弄丟了嗎？」

「又或者是藏起來了。來，整理一下吧。」

不破檢查完紙箱裡的內容物，就開始進行將移到地板上的箱子歸回原位的作業。因為原本就沒有照順序排列，所以也沒有必要顧慮規則性。儘管如此，依然是非常耗費體力及精力的苦差事。

美晴用內線電話告知他們的作業已經結束，結果這次大矢不到兩分鐘就出現了，真是不可思議。

「光靠我們兩個果然還是搞不定。」

這是不破開口的第一句話。

「這麼龐大的量實在處理不完。我們只進行到四分之一就不得不放棄了。結果還是白忙一場。」

「真的非常抱歉。」

大矢的語氣聽來似乎鬆了一口氣。

「如果不是這麼忙的話，我們就能優先來幫忙了……」

少騙人了。

美晴忍不住瞪了他一眼，大矢毫無愧色地說得煞有其事。臉皮厚到這種程度，跟不破的那張能面可以說是不相上下了。

「可是這麼一來，會不會對檢察官的工作造成困擾啊。」

「原本就只是確認作業而已，所以不會有太大的影響。給你添麻煩了。」

不破雲淡風輕地說完，就逕自從大矢面前走過、昂首闊步地爬上通往一樓的樓梯。

看著不破離去的背影，大矢用似是毫無自知的語調喃喃自語。

「真是難以捉摸的人，真不知該說他紳士呢、還是什麼的。」

自己和這個男的還真是第一次出現一致的意見。

在一樓追上不破後，兩個人就離開了西成署。

「為什麼不把搜查資料短少了一部分的事情告訴大矢警部補？」

「沒有義務告訴他。」

「不只谷田貝案，您把所有送檢的案件全部檢查一遍還有別的目的對吧。」

沒有回答。

但是最近美晴終於明白了。雖然不破本來就是個沉默寡言的人，可是當他像現在這樣刻意不回答問題的時候，就是內心在盤算著什麼的證據。不知道是什麼原理，但是他看起來彷彿是在害怕說出口之後就會降低成功的機率。

在那張能面底下，不破究竟在策畫些什麼呢？美晴對此充滿了好奇。

4

前往西成署的隔天早上，不破隨口道了聲早就對美晴下達指令。

「提出谷田貝的羈押聲請。」

依據昨天的走向，美晴也隱約有這個預感，所以並沒有太訝異。

檢察官必須在送檢後的二十四小時以內決定要不要起訴，當資料不足以判斷要不要起訴時，得以向法院提出羈押聲請，限制嫌疑人的自由並繼續調查。在這種情況下，包括聲請日在內最多得以羈押十天，但美晴無法判斷這十天能有多大的價值。

「檢察官，聲請羈押沒問題，但西成署和府警本部會有意義地運用這寶貴的十天嗎？」

昨天大矢的無禮還歷歷在目。他的態度簡直是和合作這個詞彙背道而馳，倒不如說，不給他們使絆子就要謝天謝地了。

「我明白檢察官想要徹底驗證的心情，但如果最關鍵的搜查本部都無心調查的話……」

說到這裡，腦海中模模糊糊地浮現出不破接下來會說的話。從他截至目前的手法及想法推測，肯定會得到以下的結論。

「我沒有打算十天都交給他們處理。」

果不其然。

「檢察官要自行繼續調查嗎？」

「如果妳不想參與，也可以留在辦公室處理行政工作。」

跟平常一樣，話總是說得這麼難聽。他都這麼說了，難道美晴能回答「好呀，那就這麼做」嗎？這完全是在摸透美晴的性格以後使出的激將法。

明知是激將法，但也只能乖乖地被刺激。

「事務官是影子，我也要跟檢察官一起去。」

美晴要先製作向法院提出的羈押聲請書。當然，只有檢察官有權聲請羈押，所以美晴只是代筆而已。

羈押聲請書由以下三項必要文件構成。

拘票聲請書

拘票

足以證明符合刑事訴訟法第六十條第一項所規定之羈押要件的資料

美晴只需製作其中的第三項文件，而且資料的部分其實只要有承辦檢察官的意見書就夠了，所以只要將不破的口述內容記錄下來即可。彷佛早就想好了說詞，不破行雲流水地一一陳述羈押的理由。只需要輸入他說的話就好，是一項機械化的作業。最後不到十分鐘就完成了羈押聲請書。

收到檢察官的羈押聲請書後，法院為了確認聲請的正當性，會傳喚嫌疑人到案接受訊問。雖說是訊問，但內容並不刁鑽，是由法官照本宣科地念出嫌疑人遭逮捕的嫌疑所在，詢問嫌疑人的意見。另外，無論嫌疑人這時認不認罪，法官都只是照章辦事地聽，所以不會出現針鋒相對的問答。一切都是司法流程上的儀式，實際負責偵查的是警方與檢方。

基本上不會發生法官已經訊問過卻還駁回聲請的情況。所以明天谷田貝大概會先從西成署移送到法院，在候審室等待傳喚。等待時間十分漫長，但結束之後當場就能知道自己會不會被羈押。

屆時知道自己至少不會馬上被起訴的谷田貝將會有何反應呢？是慶幸撿回一條命，還是指天咒地地哀怨提心弔膽的時間又要再延長了呢？美晴很好奇，可惜必須與不破同進同出的自己無從得知谷田貝的反應。唯一有機會知道的管道就是透過隸屬留置谷田貝的西城署的大矢打聽，但美晴心想他大概會既期待又怕受傷害吧。

沒想到，羈押聲請帶動的後續反應竟然來自完全意料之外的單位。

向法院提出羈押聲請的隔天，不破桌上的電話響了。不破接起電話，只講了一、兩句話就立刻站起來。

「是誰打來的？」

「次席找我。」

除此之外他一句話也沒多說就逕自走出辦公室。

既是影子，又是手腳，同時還是護身符的事務官只能跟在檢察官後頭。

「有什麼事嗎？」

「雖然我沒問，不過已經猜到了。」

昨天才剛提出羈押聲請，八九不離十、肯定與此有關。

一踏進次席辦公室，美晴就察覺到氣氛跟上次截然不同。

「請坐吧。」

榊坐在沙發上，跟上次一樣請不破在他的對面坐下。如同字面上的意義，美晴也像影子般站在不破的正後方。

榊的臉上浮現看似溫和的笑容，但那不是普通的笑容，笑容底下潛藏著令人不寒而慄的冷酷。

「聽說你向法院聲請羈押谷田貝？」

「是的。」

「你不直接起訴的原因是？」

「如同我上次報告過的，警方的搜查不夠完善。例如嫌疑人連帽衫上附著的被害人毛髮，就沒有足夠的證據可以推翻嫌疑人的供述。」

「考慮到他從以前就不斷地對被害人做出跟蹤騷擾的行為，間接證據已經足以證明谷田貝就是兇手了。這樣還不能起訴嗎？」

「既然物證還不齊全，我希望能把地基打得更穩固一點。所以十天的羈押期間是有必要的。」

嗯。榊輕輕地哼了一聲。

「你還記得我上次說過，有時急就章也是很重要的嗎？」

「記得。」

「還有，像這種愈是備受社會大眾矚目的重大案件，快攻戰術也是他們評價的一環。」

「是的。」

「我還說過，不破檢察官想必知道必要的時間與方法。」

「是的。」

「這次的羈押聲請是必要的方法嗎？我還以為以你的能力，一定能邊打官司邊進行調查，打造出牢不可破的地基。」

榊說出口的話非常不依不饒。明明這番話不是衝著美晴來，那種糾纏感卻令她覺得喘不過氣來。

「檢察官可不能輸。」

但不破對此始終貫徹毅然決然的態度。

「次席真的太抬舉我了。我是個不打好地基就不敢站上去的膽小鬼。除非有百分之百的勝算，否則我絕對不會推進到公開審理階段。」

「百分之百會不會有點極端了。」

「現行日本刑事案件的有罪判決率高達百分之九十九點九。就算會讓您取笑我怯懦，我還是想表態，我不想成為那百分之零點一。」

「如果是你，根本不會成為那百分之零點一吧。」

「會不會是您太抬舉我了呢？」

表面上是互相吹捧的官腔，實際上卻是叱責與反駁。就連只是站在後面的美晴也看得出兩人之間火花四濺。

「你太過貶低自己的評價了。」

「自我評價過高的人，好像多半都是溝通能力有問題的人喔。」

「正當的評價不在此論吧。」

「總之我很不擅長接受別人的評價。」

「關於你的評價，我們再找機會慢慢聊。別的不提，重大刑案的進度也關係到大阪地檢的顏面。光是逮捕谷田貝並不能滿足社會的要求。必須盡快起訴，否則大眾會說我們沒膽子起訴，或是還在觀望情勢。」

榊神色凝重地搖著頭。

「如果是沒有發生過任何問題的地方法院，要對外頭的雜音置若罔聞，提醒自己不要欲速而不達，是再容易不過了。可是市民對於特搜部的醜聞還記憶猶新，所以不得不全面換上新血的大阪地檢現在一舉手、一投足都會備受矚目。」

這句話的意思就是「就是這樣，所以盡快給我起訴谷田貝」。

檢察官中的每一個人，都是獨立的司法機關。所以就算是上司，也不能介入檢察官的決定，但實際上可沒有這麼單純。既然是組織，就要顧及體面、顧及權威，然後還得顧及命令與統率。

榊之所以會這樣苦苦相逼，無非是背後有檢察長的意思在推動這一切。先起訴後再慢慢找證據也不遲，總之給我用最快的速度起訴谷田貝，這樣才能杜民眾對跟蹤狂犯罪口誅筆伐的悠悠之口。

即便是美晴也能看出檢察長的急切，所以不破不可能毫無感覺。但無論對手是嫌疑人還是次席檢察官，不破始終戴著那張能面，絲毫不打算忖時度勢。

箇中原因，顯然是前天在西成署親眼確認了搜查資料的處理之草率。

回到地檢，不破立刻比對手邊的搜查資料與實地調查的結果。實際上就如不破一開始所說的那樣，幾乎有三分之一的證物連同紙箱一起不翼而飛。

谷田貝以外的不明毛髮、不明的腳印、以及最重要的物證，也就是那把露營刀恐怕都存放在編號（2）的箱子裡。雖然兇器已經經過鑑定、留下白紙黑字的鑑定報告，但證物憑空消失依然是相當嚴重的問題。一旦開始公開審理，搜查資料也必須提供給辯方。要求看看實體物證的律師固然是少數，但仍然沒有改變這是個重大問題的事實。

乾脆告訴榊實情好了——腦海中一時閃過這個念頭，但要不要說是不破的自由，美晴趕緊讓自己踩了剎車。這不是身為事務官的自己該揭發的事實。更重要的是，不破本人似乎不打算說出口。

「我也知道本案深受內外部關切。只不過，我這種人最先想到的是如何自保，將小心駛得萬年船奉為圭臬。既然這個案子是由我承辦，我就想以完美的方式勝訴。而且我相信這也是為了保護大阪地檢名譽的方針。」

儘管被逼到絕境，不破的口吻依舊四平八穩，不見任何情緒起伏。反倒是榊原本波瀾不興的表情泛起一絲漣漪。這應該不是美晴眼花了。

「我絕對不會讓利用聲請羈押爭取來的那十天付諸流水。很抱歉，可以請您暫且先稍安勿躁、靜觀其變嗎？」

以大道理對抗強人所難。看在旁人眼中，大概會認為不破才是正義的一方，但至少在公務員的體制內卻正好相反。相較於榊試圖從保護組織的角度出發，不破從頭到尾都在一意孤行。

兩個人都沉默了好一會兒。彼此交換著冰冷的視線，讓室內的空氣變得更加沉重，令人如坐針氈。

組織的利益與個人的理念。

最後是榊先低頭。

「那是當然，靜觀其變是我的職責。」

榊說完後便輕輕地嘆了口氣。聽在美晴耳中，那是用來說服自己的台詞。

「雖說最多可以羈押十天，但如果能縮短的話，自然是再好不過了。」

既然無法說服不破，這已經是榊最大的讓步了。

但不破既未陪笑、也不點頭。

美晴突然理解了不破的想法。

聲請羈押不只是為了爭取十天的時間，不破甚至連往後再延長羈押十天都考慮到了。而且延長羈押不需要經過羈押訊問這一關，只要辦理書面手續即可決定，方便多了。

當然，榊也意識到他在打什麼如意算盤，所以才會暗示他最多只能羈押十天。

「我會全力以赴。」

「拜託你了。」

這是最後的交手。不破行了個禮，慢條斯理地站起來，頭也不回地離開。身為影子的美晴則是深深地鞠了個九十度的躬，就當作是在幫本體的無禮賠不是，然後跟在不破的身後退下。感覺好像能聽見榊在背後不滿地嘖舌。

上氣不接下氣地追上去後，不破正視前方、悠悠地說道。

「妳只是一直站在那裡而已，怎麼會喘成這樣。」

「光是站在那裡就對身體不好了。」

「沒想到妳這麼嬌弱啊。」

「我的體力以女孩子來說算好了。」

「我是指精神面。」

還以為他會直接回辦公室，沒想到猜錯了。不破走進電梯、按下一樓的按鍵。

「以防萬一我先問一下，妳的事務官證件有帶在身上嗎？」

「有，我一直隨身攜帶。要出去嗎？」

「羈押聲請是昨天提出的，已經浪費一天了。」

「要去哪裡呢？」

「千日前的道具屋筋。」

那是命案發生時，谷田貝聲稱與醉漢發生爭執的地點。

兩人於正午前抵達現場。千日前不只充滿販賣烹飪器材及廚房用品的商店，也有很多採用那些器具的餐飲店。每到這個時間就會有許多從四面八方湧入的人來這裡吃午餐。

串炸店飄出醬汁的氣味，對於大阪出生的美晴而言，那是比母親的拿手菜更加熟悉的味道。強壓想要鑽進某間店的暖簾去大快朵頤的衝動，美晴對著不破的背影問道。

「要去查證谷田貝的不在場證明嗎？」

「只對了一半。」

雖然很好奇另一半是什麼，但就算直接問，不破也不會正面回答。

「可是搜查本部已經調閱過附近派出所保管的報案紀錄了，並沒有發生那樣的事。」

「西成署搞丟了一整箱搜查資料。那麼派出所向本部漏報一、兩個報案紀錄也不是沒有可能的。」

「……您不信任警察嗎？」

「因為他們是公務員。」

「恕我直言，檢察官和我也都是公務員喔。」

「自認這麼做是為了棲身之所好，公務員會面不改色地說謊。妳不也看到實例了嗎？」

大概是對這一帶很熟悉吧，不破熟門熟路地走向了難波豪華花月劇場。左右兩邊是鱗次櫛比的餐具店、廚房用品店、五金行。通路十分狹窄，如果是兩個高頭大馬的壯漢狹路相逢，就連想擦身而過都很困難。

再往前走一段路，難波豪華花月劇場的大樓便映入眼簾。在那之前有條小巷，兩邊分別是名叫「花月堂」的廚具行與串炸店。與谷田貝的證詞一致，所以大概就是這一帶吧。

只不過，就算他說的地點確實存在，美晴也不打算對谷田貝說的話照單全收。這裡是充滿大阪韻味的街道之一，有很多的外國觀光客。大阪市民應該沒有人不知道這個地方，所以不能排除谷田貝在情急之下胡說八道的可能性。無論不破再怎麼熱心求證，也無法減少那個男人的嫌疑。

美晴完全不相信谷田貝。光是想到他對須磨菜摘那種異常的追求行為，就忍不住渾身起雞皮疙瘩。扭曲的愛意與非比尋常的執著。這個男人身上集滿了跟蹤狂的必要條件，美晴一點也不同情他。

雖然與不破同行，但美晴預料這一趟應該無法證實谷田貝的不在場證明。不，內心其實隱約期待這次最好是白跑一趟。不破大概也是這麼想的吧。不管你請誰為你辯護，結果大概都差不多吧。不破曾在偵訊時這麼對谷田貝說過，而這句話也明確表示出不破對他的心證。

鑽進巷子，可以看到各家店鋪的後門。從這裡筆直地穿出去，就能通到堺筋這條大馬路，所以應該也會有人把這條巷子當成捷徑吧。道路兩旁還殘留有乾掉的嘔吐物，足以證明確實會有醉漢從這裡經過。

地理位置與谷田貝的證詞吻合。雖然很不情願，但美晴也不得不承認這一點。站在巷子正中央、正在環顧周遭的不破也了然於心地點點頭。

「離這裡最近的派出所在哪裡？」

「這附近一共有三個派出所，分別是戎橋派出所、千日前派出所，以及道頓堀派出所。離這裡最近的是千日前派出所。」

「從最近的開始問起吧。」

實際上，千日前派出所就在十字路口左轉、從難波豪華花月劇場後面直直前進約六十公尺左右的地方。如果是這裡的話，接獲報案到抵達現場不用五分鐘。

派出所有一名員警正在幫外國觀光客指路。在幾乎已經變成觀光地的地區，派出所的員警也必須學會外文才行，這點確實值得嘉勉，但眼前的事實卻並非如此。這名員警正以道地的大阪腔回答外國人以母語提出的問題。

「因為啊，從這裡直走，前面就是死巷。死巷，你懂嗎？呃……英文好像是 Dead End 吧。」

「Oh, Dead End. I See.」

「所以啊，要右轉。Right、Right。轉過去以後再往前走，有個小十字路口，在那裡左轉。Drugstore 斜對面的大樓就是你要找的地方了。」

似乎總算聽懂了，外國人向員警道謝後就離開了派出所。美晴與其擦身而過，來到員警面前並亮出了檢察事務官證件。

「檢察官正在查一個案子，想請你協助調查。」

員警原本很放鬆的表情倏地繃緊。

接下來就輪到不破出馬了。

「我是大阪地檢的不破。」

「您辛苦了。」

「是關於上個月在岸里發生的跟蹤狂殺人事件。」

「我知道那個案子。」

「四月十五日晚間十一點半左右，有沒有接到難波豪華花月劇場附近有人打架的報案？可以的話，請你讓我看一下報案紀錄。」

「請稍等一下。」

員警走進櫃台，取出鑰匙打開辦公桌的抽屜，迅速地從裡頭拿出上面寫著報案紀錄的檔案夾。

「請讓我看看。」

不破接過員警手中的檔案夾，翻到案發當天的紀錄。美晴從後面探頭探腦，只見不破剛好翻到四月十五日的部分。

那是標有當天日期的第一頁。

美晴險些叫出聲音來。

報告內容的右側記錄了報案的時刻。

晚間十一點三十二分。

內容為中年上班族與年輕男子在難波豪華花月劇場附近的路上發生糾紛。接獲路人報案後，員警就趕往現場，看到上班族打扮的男人正縮成一團蹲在地上，可疑人士則往堺筋的方向逃逸。員警試圖追上逃走的男子，但距離已被拉開，加上周圍很暗的關係，因此還是優先照顧倒在地上的上班族。被害人身上有很多拳打腳踢的瘀青，但幸好並無大礙。做完緊急處理，稍事休息後，便開始接受員警的詢問。

男人名叫長倉英也，四十七歲。在難波千日前與同事喝得酩酊大醉，返家途中不小心撞到年輕男子的肩膀。年輕人藉故找碴，長倉也不甘示弱地回嘴，結果就遭到對方一頓痛打。

看到內容，美晴知道自己的表情全部僵在臉上了。留在報案紀錄中的內容與谷田貝的證詞幾乎一模一樣。除了醉漢故意找碴，他才會和對方扭打起來這部分應該是谷田貝誇大其詞之外。

沒想到他真的有不在場證明。

那麼，聲稱和各個派出所確認過、表示並沒有這件事的搜查本部報告又該怎麼解釋呢？

意料之外的展開令美晴逐漸喪失了判斷力，這時不破冷酷的聲音就掠過了耳際。

「去向這位被害人求證。」

數量不合的資料

三、数の合わない資料

1

長倉英也在近鐵難波大樓裡的某間運動用品店上班。

不破和美晴於平日下午造訪，店內擠滿了客人。慢跑鞋及高爾夫球用品賣場有很多中高年齡層的顧客在挑選商品，所以不破就算混在裡面也並不突兀。這麼說來，不破的體格很精壯結實，就算有店員上前詢問他平常都從事什麼運動也不奇怪。

詢問其中一位店員後，對方立刻叫來長倉。出現在兩人面前的是個看上去年過五旬、一臉老態的男人。

「百忙之中前來打擾，真不好意思。」

美晴代為說明不破的身分，結果長倉好像非常驚訝的樣子。

「大阪地檢的檢察官找我有什麼事？」

他的驚訝中夾雜著怯懦，於是美晴連忙說明來意。

「不好意思，驚擾到您了。其實我們是想請教長倉先生您在四月十五日被人動粗的事。」

「四月十五日……哦，我在難波豪華花月劇場附近受到攻擊的事嗎？」

「方便換個可以安靜談話的地方嗎？」

「那去我們的後場吧。」

不破與美晴隨長倉走進店鋪深處的房間。還以為他口中的後場是所謂的休息室，但裡頭塞滿了員工用的置物櫃和一箱箱的商品，根本沒有立錐之地，就只有一張擺著電腦的桌子。看來可以休息的地方只有那張桌子而已。

無可奈何，不破與長倉面對面坐下後，美晴只好站在不破身後。

「可是事到如今為什麼又提起那件事？難不成是抓到那傢伙了？」

「我們這次前來確認也包含了這個部分。四月十五日的晚間十一點三十二分左右，您走在難波豪華花月劇場旁邊的巷子裡、與一個男人擦身而過時，不小心撞到他的肩膀，為此一言不合吵了起來，而男人還對您施暴。這個事實有沒有錯誤？」

「正確地說，不是一言不合吵了起來，而是對方故意找我麻煩、單方面對我拳打腳踢。」

說到這裡，長倉突然站起來、撩起襯衫下襬。美晴下意識地就想撇開視線，幸好長倉只露出腹部。略顯鬆弛的腹部有六個大小不一的碰撞傷痕。長倉轉過身去，背後還有兩處瘀青。

那個地方不可能是當事人自己弄傷的，無疑是受到暴力攻擊的鐵證。

「已經可以了。」

不破說完，長倉就放下襯衫、坐回椅子上。

「臉上的瘀青已經消了，可是肚子、臀部和腳都留下了一堆傷。其實我大概有兩天連光是站著都覺得很吃力呢。」

「遇到這種橫禍，大概想忘也忘不了對方的長相吧。」

不破從美晴手中接過公事包，掏出五張照片。五張都是前科犯的臉部照片，其中一張是谷田貝，另外四張則是其他人的照片。請證人指認犯人時，為排除證人先入為主的誤認，所以會讓他們從好幾張照片中指證。不破也遵循了這個方法。

「對您施暴的人在這裡面嗎？」

「就是這傢伙。」

長倉想都沒想就指著五人之中的一個人。不出所料，就是谷田貝的照片。

「當時我也喝得很醉，所以也記不得自己為什麼會被打得這麼慘了，但我絕對記得這張混混臉。絕對是這傢伙沒錯。」

長倉自信滿滿地斷定。

「不過檢察官先生，我這麼說或許有點奇怪，但是這種不上不下的打架糾紛怎麼會出動大阪地檢的檢察官先生直接出馬查案呢？我還以為這種事都是由警察負責的。」

不，我們是為了另一個案子——美晴正要說明時，就被不破用視線制止了。

那個意思就是——不要多嘴。

「這個男的叫什麼名字？該不會真的是小混混吧。」

「不好意思，就算是被害人，我們也不能透露搜查相關的情報。」

長倉頓時露出不滿的神情，但仍勉強自己接受似地點了頭。

「這也有道理啦。如果加害者的姓名和地址全都被攤在陽光下，就不曉得警察及法院是幹什麼用的了。」

「感謝您的體諒。」

「話說回來，既然這傢伙的照片在檢察官先生的手上，就表示這個男的有前科囉？」

「還是要跟您說聲抱歉，這個問題我也無法回答。」

「嗯哼，還真嚴格啊。」

長倉略顯遺憾，有些不甘心地看著不破。

「是的。不過我們對嫌疑人也一樣嚴格。這件事絕對不會不了了之、草草帶過。我一定會找到犯人，對他提起公訴。」

不破的台詞有兩層意思。其一是以傷害罪起訴谷田貝、其二是將殺害楠葉與菜摘的真兇繩之以法。不過長倉並未領略到他的真意，臉上掛著「你果然很上道」的表情、用力地點頭。

「拜託您了，檢察官先生。請務必為我討回公道。」

不破與美晴向長倉道謝後就走出店外。不破還是老樣子，猜不透他到底在想什麼，但美晴著實亂了方寸。

「這是抓錯人了吧。」

「嗯嗯。」

「接下來該怎麼辦？」

「不怎麼辦。谷田貝沒有嫌疑、不予起訴、事件回到起點。」

美晴的胸口又感到一陣騷動。

一般來說，不起訴大致分為四種狀況。

1 不構成犯罪

2 罪證不足

3 緩起訴

4 沒有嫌疑

首先，1的「不構成犯罪」是類似以傷害事件將吵架吵得太厲害的人移送法辦等等，也就是原本就不構成犯罪要件的情況。

2的「罪證不足」是儘管已經延長羈押，卻依然找不到足以證明嫌疑人就是犯人的證據，直到超過羈押期限。這對檢警雙方而言都是非常不名譽的狀況。

3的「緩起訴」是指嫌疑及證據都構成足以起訴的要件，卻因為檢察官從輕發落、逕行結束刑事訴訟程序。不過這只是檯面上的說法，多半還是因為罪證不足，但為了要給警方一點面子，最後才以緩起訴的方式收場。

最後的「沒有嫌疑」其實就是抓錯人的意思。打個比方，就像是在對方自信滿滿交出來的考卷上打了零分再退回去，這對送檢的警方來說可是莫大的恥辱。不光是搜查員，整個轄區警署的面子都掛不住。可想而知，做出不起訴處分的不破將會遭受到前所未有的壓力。

「……事情變得好嚴重啊。」

但不破的態度仍是泰山崩於前而色不改。

「妳說得太誇張了。我只是進行理所當然的調查，得到理所當然的結論而已。」

回到地檢，美晴第一時間著手進行不起訴手續。通常不起訴處分會等到羈押期滿才下達，所以釋放通知書在那之前會先送到羈押的刑事設施。嫌疑人後面還要辦理領回保管物或被扣押物品等瑣碎的手續，但刑事訴訟程序到此為止。嫌疑人此時此刻已是自由之身。

美晴邊製作釋放通知書、邊想像西成署和大阪府警收到釋放通知書的反應。學生拿回零分考卷後通常都會覺得自己很丟臉，而且如果是愈有信心的測驗就會愈錯愕、愈無法接受這樣的結果，最後反過來痛恨打分數的人。

深信自己沒錯的人一旦完全受到否定，有時候會失去理性。組織也不例外。

在美晴喀噠喀噠地敲打鍵盤的同時，也感到難以言喻的不安。

提出釋放通知書的隔天，不破又被榊叫去了。

「走吧。」不破只丟下這句話就站起來。想也知道榊找他的用意是什麼。美晴忍受自己劇烈的心跳、跟在不破的身後。

「要你百忙之中撥冗過來一趟，真是不好意思啊，檢察官。」

踏進次席的辦公室，榊的臉上居然掛著一抹意料之外的淺笑。但是這樣反而更讓美晴覺得毛骨悚然。

「剛才府警本部聯絡我，說他們收到谷田貝嫌疑人的釋放通知書了。」

「是。」

相較於榊莫測高深的笑容，不破始終面無表情、以不變應萬變。

「聽說你決定不起訴？」

「因為根據我調查的結果，判斷他沒有嫌疑。」

「可以請你說得更詳細一點嗎？」

「谷田貝有不在場證明，他被捕時曾強調與路人發生過爭執，實際上確有此事。」

派出所的報案紀錄與谷田貝的供述一致。而且被害人長倉也指認加害人就是谷田貝。聽完不破不卑不亢的說明，榊的笑容逐漸從臉上消失。

「既然如此，嫌疑人身上的連帽衫沾著被害人的毛髮又該怎麼解釋？」

「倘若採信谷田貝的供述，認為是前一天與被害人接觸時沾上的並無不妥。」

聽到這裡，美晴發現了一件事。相較於不破改以姓名稱呼谷田貝，榊還是把他稱為嫌疑人。這個差異同時也是這兩個人對本案的認知差異。

「基於以上的事實，可以做出谷田貝聰沒有嫌疑的判斷。」

「吵架的對象浮出水面，官司確實會變得很難打也說不定。但還是不能完全排除他的嫌疑吧。」

美晴感到疑惑，榊好像還在堅持谷田貝就是兇手。

「這麼輕易地排除谷田貝的嫌疑，我認為為時尚早。」

「具體而言是哪個部分呢？」

「就算這個姓長倉的男人指認嫌疑人就是找自己麻煩、對自己施暴的人，也不能保證他的指認完全沒錯。如果沒有物證足以證明嫌疑人在那段時間內確實就在難波豪華花月劇場旁的巷子裡，就不能斷言他確實是清白的，不是嗎？」

簡直是強詞奪理，但不破看起來毫不在意。

「沒錯。光是這樣或許還無法斷定谷田貝完全沒有涉案。但這段證詞只要找到靠得住的律師，肯定能幫他打贏這場官司。畢竟檢方的物證只有被害人沾在谷田貝衣服上的毛髮，而身為第三者的長倉親身受到谷田貝拳打腳踢的證詞想必會更值得採信吧。原本這個案子就只有間接證據，不能排除光靠一段證詞就足以讓本案翻盤的危險性。即使就這麼進入公開審理也只會換來無罪判決。不只府警本部和西成署，就連大阪地檢也會一敗塗地吧。」

語氣四平八穩，但言下之意其實充滿了對司法體制的不信任。然而都已經說到這個地步了，榊仍然不願接受。

「公開審理或許就像你說的那樣。如果不起訴，至少檢察官可以不用在法庭上丟臉。可是另一方面，不起訴會讓府警本部與西成署受到比在法庭上丟臉更大的恥辱。嫌疑人都已經送檢了，檢察官卻以沒有嫌疑做出不起訴處分的話，等於是質疑他們的搜查手法及搜查員的能力，不只面子上掛不住，還會受到製造冤罪的抨擊。」

榊終於收起了笑容，開始皺起眉頭。

「即使沒有這些枝枝節節，這個案子原本就已經牽動社會大眾痛恨跟蹤狂犯罪的神經，受到相當大的矚目。好不容易抓到兇手，安撫了民眾的恐慌，結果竟然是抓錯人的話，民眾只會比以前更不相信警察。警方不僅蒙受奇恥大辱，還得站在輿論批評的風頭浪尖。說得更直接點，將會受到槍林彈雨般的攻擊。雖然是自作自受，但肯定會有搜查員把這筆帳算在你的頭上。」

「次席檢察官，這點您大可放心。即使不算上本案，我早就已經成為府警本部和各轄區的眼中釘了。」

「這種事沒必要講得這麼理直氣壯吧。」

「不是理直氣壯，我只是覺得事到如今有點遲了。」

「什麼東西遲了？」

「檢察官不是為了警察，而是為了維護法律秩序而存在，因此絕對不能發生抓錯人所導致的冤案。倘若這次的結果真如次席檢察官所說、等於是在質疑警方的搜查手法及搜查員的能力，那還不如一次曝光比較好。脆弱的體制與草率的能力遲早會讓司法機關面臨崩潰的局面。」

榊聽著聽著，眉頭開始微幅地上下跳動。而美晴並沒有漏看這一幕。

「檢察官，你的意見滿是崇高的理想，很值得學習，但是考慮到府警本部及轄區警署的立場，我不免有些同情他們。警檢雙方確實不能連成一氣、互相包庇，但同樣身為檢舉犯罪的組織，也不能扯彼此的後腿。」

「我並沒有要扯誰後腿的意思。我的想法非常單純，既然警察跟檢察官有調查、逮捕一般人的權限，就必須具備相應的智慧與能力。無法擔此重任的警察或檢察官最好盡速辭職，才是世人之福。」

果然是不破會說的話。有時雖然很辛辣、很不留情，但他的工作表現確實讓他有資格說出那樣的話。聽在因循苟且、偷雞摸狗的人耳中大概會覺得很不中聽吧，但是看在理想崇高的人眼中卻是不可多得的人生羅盤。

榊究竟是哪一邊的人呢？在始終不顯山露水的不破面前，榊開始顯得焦躁。

「確實是很符合不破檢察官作風的一席話呢。無論別人說什麼，都不會囫圇吞棗，而是仔細研究每個細節。凡事步步為營，絕不感情用事。我同意這是檢察官應有的態度，也覺得很了不起。但這個社會上不全是你這種完美主義者。」

「至少從事司法工作的人都應該追求完美。不管怎樣，在決定要不要起訴的時候，我並沒有斟酌警方那邊情況的打算。」

美晴聽得冷汗直流。不破怎麼想是他的事，但這句話等於是與顧慮警方顏面的榊正面為敵。

榊的眉頭又在上下跳動了。

「……總之能事先避免檢方敗訴真是太好了。檢察官你還會繼續調查本案嗎？」

「重新展開調查是警方接到不起訴處分書後該做的事。我的工作是研究送檢的案件。」

「抱歉耽誤你的時間。你可以回去工作了。」

明明應該有察覺到榊的憤怒，不破卻連眉頭也沒有皺一下。他的面無表情或許對嫌疑人和律師很有效，但如果就連站到上位者面前都還不苟言笑的話，只會收到反效果。最後榊就板著一張臉、瞪著不破離去的身影。

走出榊的辦公室後，美晴忍不住對著不破的背影說道。

「我不敢要求對所有人都這麼做，但您面對三席或次席時態度親和點會不會比較好呢？」

「為什麼我必須態度親和一點？」

「因為您看起來簡直像是在跟他們吵架。」

「我完全沒那個意思。」

「即使檢察官您自認沒有，別人也覺得您就是如此。」

「那又怎麼了嗎？」

不破這時終於停下腳步，看向美晴。

「檢察官既不是以團隊合作為優先的工作、也不是以和為貴的職業、更不是銷售或服務業。周圍會怎麼想跟我沒有關係。與其被人從表情看出我心裡在想什麼，我認為保持一段距離才是比較好的方針。」

「可是大家都是同一個職場上的同事。」

「我並沒有八面玲瓏到能配合遇見的人改變自己的態度。」

「不尊重次席只會給自己帶來麻煩。」

「我沒有不尊重次席，我只是照實回答他的問題。」

「搜查本部做事確實很輕率。我也認為不起訴是很恰當的做法。」

「妳認為恰不恰當並不在我的考慮範圍內。」

「我知道，這點我比誰都清楚。畢竟檢察官連府警本部及轄區警署的心情都不考慮了。但也沒必要刻意與他們為敵吧。」

不破直勾勾地盯著美晴。他的視線彷彿要從美晴的雙眼探究她內心深處的世界。

「妳好像在為我擔心。」

「因為我是您的事務官。」

「我沒有要故意與他們為敵。我只是在盡自己的本分。」

聽著不破缺乏抑揚頓挫的回答，美晴似乎能明白了。

或許這個男人真的只看著前方。認為唯有研究送檢的案件以及思考抵觸哪條刑法、該怎麼量刑才是能讓司法體制順利運作的方法。

警方和檢方都是司法體制的一部分。掌管司法的是倫理與邏輯，警察和檢察官都是人，是人就難免產生同情或共鳴、抵觸及好惡、以及各種自我設限。不破該不會是打算拒絕這一切的雜訊，立志成為純粹的司法機器吧？

「檢察官不怕被孤立嗎？」

這不是自己該問的問題，卻又忍不住脫口而出。

「萬一警察和檢察廳的同事或主管都沒有人要站在檢察官這邊該怎麼辦？」

不破又用那張能面轉向美晴，沉默不語。還以為就算被他不帶一絲感情的視線盯著看也不會害怕，不料不破的眼神意外深沉，看得美晴都開始覺得不好意思起來。

「檢察官中的每一個人，都是獨立的司法機關。妳沒有必要這麼費心。」

不破言盡於此，轉過身又繼續往前走。

「請等一下，檢察官。」

「什麼事？」

「您剛才對次席說的那段話，意思是您不會再介入岸里那起事件了嗎？」

「妳的耳朵可以不要擅自解讀嗎。我可不記得自己說過這樣的話。我只說警方會重新展開調查，而我的工作是研究送檢的案件。」

意思是警察要怎麼做是警方那邊的事，他自己會另外展開調查嗎？

「可是少了最重要的嫌疑人，偵辦勢必得從頭來過。考慮到檢察官目前手上的案件數量，實在沒有那麼多的時間。」

「我不知道妳誤會了什麼。」

不破頭也不回地說道。

「偵辦才剛進入佳境。線索多得跟山一樣。」

在完全聽不懂他想表示什麼的情況下，美晴也只好追在不破的身後。

幾個小時後，美晴利用休息時間前往仁科的辦公室。明知不能仗著仁科對自己友善的這層交情，但這種事也只能問她了。

「怎麼啦？什麼風把妳給吹來了？」

「仁科課長是順風耳對吧。」

「喂，什麼順風耳，真難聽。是小道消息自己要送到我的大門前的。總務課就是這樣的部門嘛。」

「想跟您請教一件事。」

「妳是想問不破檢察官決定不起訴谷田貝會有什麼後果嗎？」

「您怎麼知道？」

「惣領小姐會特地跑來問我的也只有這一類的事情吧。」

「所以呢……會有什麼後果？」

「嗯，想也知道絕對不會有好下場啊。」

仁科把食指按在太陽穴上，似乎也有些困惑。

「下面的人一定會激憤地說什麼檢察官是比律師更可惡的敵人，批評他不會察言觀色。雖說不用管下面的人說什麼，但確實會給人留下不好的印象。」

「嫌疑人的辯護律師已經是警方不共戴天的敵人了，比那個更慘嗎？」

「要是對方認為警察與檢察官應該槍口一致對外，受到背叛的感覺就更強烈了。」

「說背叛也太嚴重了。歸根究底，還不是因為他們偵辦的時候先射箭再畫靶。要是不破檢察官真起訴了，也會在法庭上敗訴。萬一沒有敗訴，反而就多製造了一件冤案。正所謂冤有頭、債有主。」

「惣領小姐說的是任誰聽了都無法說妳錯的大道理，偏偏大手前（府警本部所在地）不吃這一套。要求他們察言觀色是有點強人所難，可是一旦流於情緒上的問題，再冠冕堂皇的道理都說服不了他們。再說了，更重要的就是這並不只是情緒上的問題而已。」

仁科一臉無奈地搖頭。

「一旦承辦檢察官認為是抓錯人，而且收到釋放通知書的話，就得追究管理官的責任，搜查本部難免就要有幾個人大搬風吧。雖然不至於受到懲戒，可是經歷還是會留下污點。原本這部分的怨懟應該要怪在犯人頭上，但眼下沒有嫌疑人，所以槍口就只能對著不破檢察官了。再加上牽涉到工作的領域，男人會比女人更容易記恨在心。」

美晴的心情益發沉重。不破比其他的檢察官更勤跑現場和轄區警署。如今成了警方的眼中釘、肉中刺，要是還不知死活地前往警署，無疑是在自投羅網。而且自己身為影子也必須要跟著前往。

「不破檢察官是個徹頭徹尾的現場主義者，就算站在風頭浪尖，想必也不會減少他跑轄區警署的次數。就像是穿著巨人隊的制服坐在一群阪神球迷裡面◆。」

如果是這種小打小鬧的情況就好了。不對，這其實也不能說是小打小鬧吧。

「發生這種事，平時被捧成大阪地檢的王牌、無論對誰都能保持面無表情的態度反而會變成負面的評價。被調離搜查本部的刑警裡頭，應該也不乏年資很高的老鳥，這種人可能會對不破檢察官恨之入骨。如果真的得陪他去警署的話，惣領小姐最好要做好心理準備。」

「怎麼這樣，拜託別嚇我了。」

「哎，當然不至於去了那邊就會被人蓋布袋一陣痛揍，但也很難期待他們會盡全力合作辦案就是了。」

不過啊……仁科隨即又補了一句。

「這也可以想像的到啦。不破檢察官本來就不是那種會跟別人或轄區警署、府警本部合作的人。無論從哪個角度來說，他都是獨來獨往的孤狼。對了，不破檢察官本人有什麼反應？」

「他說他不是故意與那些人為敵，只是在盡自己的本分工作罷了。」

「果然很有那個人的風格呢。以海納百川、有容乃大的態度來待人處事固然沒錯，只是身為一個檢察官，他就不容許自己這麼做。要說頑固還真的很頑固，但是法律的守護者就應該這麼頑固。立場如此堅定的人，工作方面的所作所為不讓人心服口服才奇怪呢。」

如果周圍的人見不得檢察官做出能讓人心服口服的事，其實就是這個環境有問題——仁科的意思就是這樣。

「這是理想論對吧。」

「嗯，就是這麼理想化。所以才無法見容於其他的檢察官。不管在研習的時候提出多麼崇高的理想……啊，妳是不是在瞪我？」

「因為最早在研習時向我們說明檢方理想的人可是仁科課長呢。」

◆讀賣巨人與阪神虎是日本職棒中央聯盟的兩支代表性球隊，無論是球隊還是球迷，雙方皆為世仇。儘管現實中並不是沒有發生過，然而在主客場體制明確的日本職棒賽事中，仁科提到的行為可謂是相當大膽的舉動。

「是沒錯啦。可是實際開始工作後，就會發現那種事情無法適用，逐漸就被周圍決定好的常規或氣氛給影響了。因為這樣比較有效率，而且又不容易引起爭端，漸漸地就習以為常了。可是啊……」

仁科突然降低音量。

「雖說無法見容於其他檢察官，但地檢裡面其實有很多不破檢察官的隱性支持者喔。只是礙於說出來就會**被排擠**，所以不敢說出口罷了。」

從仁科的語氣聽來，她也是其中的一個。

「無論哪個組織都是一樣的，高談理想的人一定會被排擠。基本上，當人接到無理的要求，一定會產生排斥反應。認為對方是只會唱高調的大傻瓜。可是啊，再也沒有比追求理想更帥氣的事了。或許有些勉強，但依然使出渾身解數、不惜破壞人際關係也想要更接近理想一點。如果沒有這樣的追求，人和組織都會變得很貧乏。我還沒有跟不破檢察官促膝長談過，但是他鐵定很清楚這一點。我認為那些在檯面下欣賞他的人就是被這一點所吸引的。」

2

上一刻榊才剛警告過不破、下一刻不破就立刻展開行動。這讓美晴深感錯愕。

大阪府警第一方面◆有十四個轄區、第二方面有十一個轄區、第三方面有十二個轄區、第四方面有十四個轄區、第五方面有十四個轄區，旗下共計六十五個轄區警署。而不破竟然說他要一個一個去巡視。

「巡視……您到底想調查什麼？」

「跟去西成署的時候一樣，參觀他們的資料室。」

「別開玩笑了，六十五個警署都要去嗎？一個地方就要耗掉一天耶。」

「我又沒有說要把資料室整個翻過來。只要確實檢查這張清單上的東西就行了。」

不破在路上遞出三張紙。美晴接過來一看，上面密密麻麻地寫滿案件名稱。

「這是哪來的？」

「從資料庫撈來的。都是府警與轄區聯手偵辦的案子裡尚未偵破的案件。」

美晴稍微數了一下，加起來將近有兩百起案件之多。承辦的轄區也遍布大阪府內的各方面。

「雖然有限定案件的範圍，但如果資料室都像西成署那時一樣都沒整理的話，結果還不是相同嗎？更何況，考量到這次的案件已經招致轄區警署的反感了，光靠我們兩個實在力有未逮。」

「我不記得我說過要只靠兩個人來調查。」

◆日本警察與消防體系針對道、都、府、縣內轄區範圍進行廣域範圍區分的規劃方式。設立方面本部，負責轄內單位的協調與廣域合作。

「咦？」

「我也知道要靠兩個人走遍六十五個警署確實不合邏輯。所以這次除了妳之外，我還請了其他事務官幫忙。跟著檢察官的事務官多半都很忙碌，所以我請總務課和特搜部幫忙。」

美晴恍然大悟。先前仁科曾說過不破有很多檯面下的隱性支持者，原來是這個意思啊。

「可是特搜部的事務官一定也很忙吧。」

「他們欠我一個人情。」

不破雲淡風輕地說道。特搜部素有檢察官的菁英之稱，不破到底能賣他們什麼人情呢？美晴好想知道，卻在最後一刻把這個問題給嚥了回去。除非是目前手上的案件，否則不管問不破什麼，他大概都不會回答。至今已經有過太多次這樣的經驗了。

「難不成要同時搜查嗎？」

「這種事如果不能同時搜查就沒有意義了。」

「有取得次席或檢察長的同意了嗎？」

「沒必要取得他們的同意。這還在檢察官的職權範圍內。」

不破面不改色地回答，聽不出半點緊張或心虛。這個男人體內流的到底是不是人類的血液啊。美晴一如既往地滿懷疑問與不安，前往第一個目的地——曾根崎警署。

後來美晴才知道，這一天總共有十二名事務官分頭造訪各轄區警署，目的在於檢查資料室。因為是突擊檢查的關係，所有的警署都慌了手腳。其中好像還有署長親自打電話向檢察長確認。

不消說，檢察長和次席檢察官不可能掌握每個承辦檢察官的行程，所以接到電話時都一頭霧水，事務官就趁這個時間點占領資料室。

「我只是要確認清單上記載的案件資料是不是齊備，所以不需要專業知識。因為沒有事先通知，所以他們完全沒有警戒的餘裕。」

殺進曾根崎警署前，不破惜字如金地向美晴進行了最簡單的說明。想必不是基於什麼親切的心理，而是為了堵住美晴那張問東問西的嘴吧。事實上，自從開始檢查資料後，不破幾乎都沒開過尊口。

或許是人海戰術奏效，又或者是不破選對了人，只花了兩天就查遍了大阪府警旗下的六十五個轄區警署。美晴驚訝的不只是事務官的辦事效率，轄區及府警本部的反應也令美晴跌破眼鏡。

就拿美晴與不破最初突擊檢查的曾根崎警署來說，反應就很不尋常。自稱黑澤的刑事課長親自出來接待他們，但是迎接兩人的時候態度就已經十分狼狽了。

「不破檢察官。您怎麼又來得這麼突然啊。我聽櫃台人員說您想看看本署的資料室？」

「是的，不勞煩課長帶路，我自己去就好了。作業過程中，我的事務官會幫我的忙。」

不破公事公辦地說道。黑澤一臉狐疑，就算他認為不破此行還隱藏了什麼目的也誠屬自然。

「不不不，檢察官都親自出馬了，如果我們只是在旁邊看的話，這不太好。」

「我沒有要你們待在一旁看著。署內的各位只管去忙自己的事，我不想因為自己的工作耽誤到曾根崎署的日常作業效率。」

「可是您對這裡一定不太熟悉吧，我們可以提供一、兩個人來幫忙。」

「那麼請恕我直言了，除了我與事務官以外，請不要讓任何人進來，更不要監視我們。」

看到黑澤糾纏不休的態度，不破好像也放棄跟他說場面話了。現在既然說開了，黑澤當然也不會保持沉默。

「請告訴我明確的事由。檢察官，我也有向長官報告的義務。」

「檢察廳法明訂檢察官有犯罪搜查權，這一點還不夠嗎？」

「即使是這樣，您還是沒有回答到我的問題。」

「我想親眼確認送檢案件的資料內容。」

不破看也不看黑澤一眼，自顧自地往前走。看來他對曾根崎署的內部格局也很熟悉。

「如果跟送檢的資料一致是最好，如果有所出入，可能是不小心送到別的地方去了，今天的作業過程也會順便確認這一點。」

「既然如此，您可以告訴我們案件名稱、由我們代勞啊。如果是正在偵辦的案件，被承辦人員借出去的可能性也不是沒有。」

「別擔心，資料根本不可能不見吧。」

這是極具不破風格的嘲諷，但也只有美晴聽得出來他是在嘲諷。黑澤似乎渾然未覺，仍一臉茫然地看著不破的背影。

「接下來要調查的案件距離案發當時大多都已經過了一年以上。」

黑澤再怎麼辯才無礙也攔不住不破，只能鍥而不捨地緊跟著逕自前往資料室的不破與美晴。

曾根崎署的資料室比西成署整潔多了。光是有依照案發的時間順序加以整理就足以令美晴感激涕零。

然而直到此時此刻，黑澤仍不肯放棄。

「如果是簡單的比對作業就讓我們的人來做吧。」

黑澤邊說邊打算把美晴好不容易從架子上搬下來的紙箱再放回原位。因為他實在太煩了，就連美晴的怒氣也忍不住爆發。

「既然是簡單的比對作業，由我這個事務官來做就行了。黑澤課長應該非常忙吧，請你不必顧慮我們。」

偷偷望了旁邊一眼，不破正專心地比對資料。如果自己說得太過分，這個人一定會指正自己的，可見這種程度的回嘴還在容許範圍內吧。

受到美晴的反擊，黑澤的表情可謂再精彩不過了。羞恥與憤怒微微染紅了臉，貌似一時半刻不知該如何回答。

沒多久後，他才拋下一句「我先告辭了」，走出資料室。

「檢察官，可以不去管他嗎？」

「沒必要打草驚蛇，如果有什麼不希望我們知道的事，對方自然會主動出擊。」

三十分鐘後就驗證了不破的猜測完全正確。黑澤帶著另一個男人回來，男人的左胸別著警視的階級章。

不破似乎認識對方，略略地低頭行禮。

「好久不見了，假屋署長。」

果然是署長。

「不破檢察官，這到底是怎麼回事？沒有任何事前通知就跑來轄區找資料？」

假屋毫不掩飾自己的怒氣，但不破還是一樣不動如山。

「真的非常抱歉，是因為事情十萬火急的關係。」

「如果要重新調查送檢的案子，我們也會鼎力相助。我馬上派幾個人過來，二位只要坐著等結果就好。」

「非常感謝您的好意，不過沒有那個必要，作業已經結束了。」

不破走到假屋面前。

「前年九月左右，市內發生了連續搶案，其中一件應該是發生在曾根崎署轄區內的茶屋町。可是我找了半天都找不到那份資料。」

假屋與黑澤聞言臉色大變。

「還有一個案子，這要回溯到四年前、與大阪府警合力偵辦的連續縱火案。其中一起縱火案發生在浮田一丁目，也是曾根崎署的轄區，同樣是整箱資料都找不到。」

「那是因為尚未破案……」

「即使還在繼續調查，搜查本部縮編時也會先把相關證物送回轄區。署長，不瞞您說，此時此刻，包括府警本部在內，地檢的事務官正同時在六十五個轄區進行相同的作業。萬一就連府警本部內都找不到那些搜查資料，請問署長打算怎麼處理這個狀況？」

平鋪直述、公事公辦的口吻具有莫大的威力。假屋被堵得說不出話來，黑澤甚至還發出了像是狗那樣的低吼聲。

「我知道不是署長的指示。」

假屋的眉毛劇烈地挑了一下。

「找不到搜查資料的案子都是共同搜查的事件。其他警署也出現了資料遺失的狀況。今天大概可以從其他著手調查的事務官口中得到更新的消息吧。」

假屋逐漸低下頭去。

「署長，您記得自己還是刑事課長的時候、跟我一起奔走調查的案件嗎？」

「嗯嗯……怎麼可能忘得了。」

「那您應該也記得我的手法和信念吧。」

「這個也忘不了。」

假屋的語氣似乎有些遺憾。

「你根本不講人情，也不知輕重。只有黑與白、有沒有嫌疑的二分法，完全不考慮犯人的家庭狀況或成長環境。是連檢察長的兒子超速都敢起訴的人。」

「或許不講人情，但我不會勒死飛入我懷中避難的鳥。」

「哼，居然把曾根崎署的署長比喻成鳥。你還是老樣子啊，不破檢察官。」

惱怒的語氣聽起來竟有幾分愉快。

「想必你已經看穿這一切了。」

「署長，不能說。」

黑澤連忙阻止，但假屋伸出一隻手制止了他。

「是府警本部的命令吧。」

假屋又低下頭去。

「什麼時候下的命令？」

「不久前。大概是四月中吧。包括我們這裡在內、同時對府內的六十五個轄區發布了通知。」

「署長，再說下去的話……」

「你別說了，黑澤課長。這種欲蓋彌彰的掩飾作業在這個男人面前一點意義也沒有。比起半吊子的藏頭露尾，還不如全部交代清楚比較好。」

「可是……」

「如果一口氣踏平六十五個轄區，只有我們守口如瓶的話也無濟於事。」

這句話讓黑澤閉上了嘴。這時假屋又再次面向了不破。

「通知的內容是什麼？」

「你大概也察覺到內容是什麼了吧，還需要我親口說出來嗎？」

「帶有成見的搜查萬萬不可。教導我這一點的就是署長您吧。」

「……真的是個討人厭的男人啊。通知的內容如下：『府警本部接獲大量搜查資料遺失的報告，負責相關案件的轄區警署請盡速檢查自己的資料室。』與府警本部成立搜查本部的時候，搜查資料的正本通常都握在府警本部手中。轄區怎麼可能會有他們搞丟的資料嘛。」

「同時也下了封口令吧。」

「但是沒有留下痕跡。剛才提到的通知也是透過電話傳達的，怎麼可能留下白紙黑字的證據啊。再說了，捅出這種紕漏，就算不下達封口令，大家也都知道是重大疏失。府警本部長都親自打電話來了，根本不用說得太詳盡，署長們也都能心領神會，說是以心傳心也不為過。」

「我事先列出來的案件中，還有十年前發生的案子。搜查資料全部不翼而飛，也就表示沒有再繼續調查。」

「大概吧。」

「有些可能已經過了追訴期。」

「也不是沒有可能。」

美晴瞠目結舌地聽他們交談。雖然能從不破的言詞隱約預料到一部分，但現實還比她認為的更加誇張。

大正署的證物少了一部分，再加上西成署的事，兩者皆與府警本部有關。

「你對西成署的事件做出不起訴處分的決定也傳到我的耳裡了。」

「這樣啊。」

「不光是我，大阪府警旗下的警察幾乎全都知道了。不破檢察官害得西成署顏面掃地。不僅如此，還要加上資料大量遺失。這兩件事一旦公諸於世，就算是自己的過錯，府警本部也會把你視為眼中釘喔。你有所覺悟了嗎？」

美晴認為這是假屋的威脅。

先和盤托出、承認是府警本部的責任，再威脅不破——與府警本部和轄區的所有警察為敵真的好嗎？然後再藉此威嚇——這麼一來，檢察官的業務還能順利地進行嗎？

然而，不破就是不破。

「非常感謝您這麼為我著想，可是署長，聽到這句話的我會怎麼做，您應該早就知道了吧？」

「嗯嗯。」

「您的好意我心領了。」

聽到這裡，美晴總算明白了。剛才假屋那句話是對府警本部以及轄區的所有警察展現的道義。身為曾根崎署的署長，這是他能力範圍內的最大抵抗，說穿了就像是贖罪券那樣的東西。

「我還期待都十年過去了，你會稍微變得圓滑一點呢。」

假屋顯然還是很遺憾的樣子。

3

發動同時突擊檢查的兩天後，陸陸續續接到分頭調查六十五個警署的事務官所呈上的報告。竊盜、強暴、詐欺、猥褻行為……罪狀琳琅滿目，但只有都不是重大刑案這一點是共通的。數量高達四十二件案子、兩百零五件證物。最新的案件發生在上個月、最遠的還有發生在十年前的事件。仔細一查確實就如不破所料，其中也包括已經過了追訴期的案件，事情演變成美晴所能想像到的最糟糕的狀況。

「這個案件實在太離譜了，被小偷闖空門，偷走一百二十萬日圓的現金，現場採集到的指紋樣本居然全部不見了。」

「是嗎。」

「這起連續強姦婦女案也很荒謬。手法都一樣，很可能是同一個犯人所為，卻沒有留下採集到的精液的分析結果。因為已經是八年前的事件，鑑識課保存的紀錄也銷毀了。」

「是嗎。」

美晴一臉悽愴地一再發出不平之鳴，但是到了不破這邊完全是左耳進、右耳出，除了基本的應聲之外根本不被當一回事。美晴無從揣測不破真正的用意，不知不覺轉為質問的口吻。

「檢察官，這是您揭發的弊端喔。」

「不用妳說我也知道。」

「這恐怕是大阪府警有史以來最大的醜聞喔。」

美晴認為自己並沒有大驚小怪，但不破還是一臉稀鬆平常。到底該拿什麼東西丟到他面前，才能換來這個男人驚愕的表情呢？

「萬一被媒體知道了，肯定會引起軒然大波。」

聽到這句話，不破總算露出了比較像是反應的反應。

「妳打算告訴在這裡出入的司法記者嗎？」

「怎麼可能……」

「府警本部大概會趕在轄區警署或相關人士走漏風聲前主動召開記者會吧。這也是將傷害減到最低的方法。」

然而，將府警本部逼到這步田地是不破的功勞。不只是曾根崎署的假屋，不破通知了所有丟失資料的轄區署長。雖然目的在於讓遺失資料的署長親口承認，但不用電子郵件處理這件事也很符合不破的作風。

「要是檢察官一一拜訪四十二個轄區的話，府警本部也不得不處理了。」

「我只是去辦手續，沒打算藉此逼府警本部採取行動。」

話是這麼說，但是看看不破這兩天所做的事，總覺得他再沒自覺也該有個限度。包括曾根崎署在內，他已經去過三個轄區警署和署長當面詳談。當他一拿出經過比對的報告書質問對方，沒有哪個署長不放棄掙扎、從實招來的。

看樣子，不破似乎打算走遍出問題的四十二個警署，如此一來，府警本部也不可能坐視不理。沒過多久，府警本部長就透過檢察長要求與不破見面。

那一天，美晴與不破一起被叫到迫田檢察長的辦公室。這是她到職以來第一次踏進檢察長的辦公室、也是第一次近距離見到迫田，所以心臟跳得飛快。

「次席向我報告，說不破檢察官走訪各轄區警署，還借調了特搜的事務官。」

迫田難掩困惑地直視不破的臉。面對大阪地檢的第一把交椅，不破依然與往常無異，既不見緊張、也沒有激昂或亢奮的樣子。

「但沒想到是這麼大的醜聞呢。如果只有西成署就算了，六十五個警署裡居然有四十二個署都搞丟證物的話，至少要有一、兩個人下台，否則無法收場。」

「我這麼做不是為了讓任何相關人士下台。」

「你的性格是這樣沒錯，所以情況才更糟糕。好心做壞事是最糟糕的結果。更糟的是你甚至沒有幼稚的正義感，就只是秉公處理地揭發別人的過失或做過的壞事，所以才更棘手。」

「只是處理一個案件，不需要正義感。」

這是美晴第一次聽迫田說話，看來他似乎是個很有包容力的人，不像次席的榊那樣對不破敬而遠之。

「你還是老樣子呢。」

迫田一臉無奈地嘆氣。

「府警本部長正往這裡來。你見過柳谷本部長嗎？」

「沒有。」

「他就任本部長後，我見過他幾次。絕對不是什麼壞心眼的男人，毋寧說是個很為部下著想、值得依靠的人。」

大概是在不破手下工作久了，美晴可以想像不破接下來會說什麼。但她既然是檢察官的事務官，就算撕裂她的嘴巴，她也不該多話。

「再怎麼為部下著想，若是試圖遮掩自己人闖的禍，這種人是沒有資格當警察的。」

「我就知道你肯定會這麼說。」

迫田搔搔頭，一臉不知該拿他怎麼辦才好的樣子。

「那是因為你沒有包袱。等你成為三席、次席、甚至是檢察長的時候，要保護的東西可就會變多了，包袱也會跟著增加。這點無論是檢察官還是警察，乃至於普通人都一樣。愈往上爬，就得愈努力去保障部下及其家人的生活。」

「我沒有往上爬的打算。」

「不管你有沒有興趣，遲早都會上去的。」

迫田的語氣裡帶了一絲怒氣。

「只要沒扣太多分數，這個世界就會默默地把你往上推。像你這種被譽為王牌的存在就更不用說了。

所以希望你稍微對自己所處的立場有點自覺。」

問題是這個人即使面對檢察長也不會說出什麼好聽話。正當美晴想搶在不破開口前打圓場時，就傳來了敲門的聲音。

「請進。」

伴隨著一聲「打擾了」，有個臉頰的肉微微晃動、面貌精悍的男人走了進來。肩膀上別著警視監的徽章，所以他肯定就是柳谷本部長。

「勞煩您特地跑一趟，真不好意思，本部長。」

「不會，沒什麼。」

既然是府警本部捅的簍子，當然要由府警本部出面——聽起來是這個意思。

經由迫田的介紹，三方人馬都到齊了。不破與柳谷面對面坐在ㄇ字形的沙發上，迫田坐在中間，而美晴則是站在不破身後。看在她的眼裡，迫田顯然是要仲裁雙方的紛爭。

實際上，無論府警本部的立場變得再艱難，不破都沒有要暫停搜查的意思。他打算鐵面無私地揭穿資料丟失一事以及因此所產生的不合理。站在不破的立場，他或許只是在盡自己的本分而已，但是對府警本部而言，等於是在傷口上又撒了一把鹽。換言之，不管本人有沒有那個意思，不破都成了府警本部不共戴天的仇人。迫田身為大阪地檢的掌管者，無論如何都得調停這件事不可。

「我不清楚您此行的目的。」

不破率先打破沉默。

「事務官們已經將這次的事情整理成報告，可以請您先過目嗎？」

不破回頭示意，美晴便將手中的報告書遞給不破。即使是這種節骨眼，事務官仍然是檢察官的影子，她不能直接把東西交給柳谷。

不破接過資料夾後就轉交給柳谷。柳谷一臉緊張地翻開。大概是已經做好相應的心理準備了，表情沒有絲毫變化，但始終緊抿著嘴唇。

柳谷看了一會兒，到了三分之二左右就靜靜地闔上資料夾。

「可以了。」

柳谷遞出資料夾，彷彿那是什麼千斤重的東西。

「展開同時搜查後，花了幾天完成這份報告？」

「三天。」

柳谷露出既驚訝、又窩囊的表情。

「竟然只花了三天。」

「因為除了我自己的事務官以外，也請了別的事務官幫忙。」

「即便如此，只用三天就能查到這個地步……」

「本部長，您有所不知。不破檢察官的能力在大阪地檢也算是特別突出的。所以請您別誤以為大阪地檢的人都是這種水準。」

「由你這種人當檢察官真是太好了。不對，還是應該說太不好了呢。」

柳谷輕聲嘆息。

「如果你是同伴，再也沒有比你更強大的戰力了；但如果你是敵人，就沒有什麼對手比你更讓人畏懼。平常都是我將犯人送檢，所以從不感到慌張，但是像這樣成為被審問的對象還是第一次，我都緊張到腋下冒汗了。」

柳谷邊說邊按著腋下，看上去似乎不是誇飾法。

「不用全部看完也能明白，不破檢察官調查的結果都是事實，也沒有遺漏。府警本部有超過兩百件以上的案子都遺失了一部分、甚至是全部的資料。敝人柳谷泰典身為大阪府警本部長竟然對此一無所知，真的是太可恥了。」

「別這麼說嘛，本部長。」

或許是不想再讓柳谷丟臉、又或者是想施恩於他，迫田在這時插嘴。

「您特地撥冗跑這一趟，想必是因為府警本部也想解釋一下吧。您請說吧。」

「不，我沒什麼好解釋的。一切都是因為我管理不周，才會發生這樣的事。」

聽在美晴這個第三者耳中，他說的每句話都很過時，但是打從一開始就決定負起責任的態度令人充滿好感。說到底，原本搜查資料就不是由本部長親自保管的，明明是部下闖的禍，卻還願意挺身而出收拾爛攤子，真的是很為部下著想的大家長。

然而，也有人完全不為所動。

「這和本部長的管理能力無關，而是負責管理搜查資料的人能力有問題吧。」

不破連眉頭也不皺一下地回應。

「至少本部長口頭下達了要各轄區對搜查資料遺失一事三緘其口的指示。從封口令的嚴密性來看，本部長的管理能力一點也不差。」

或許本人並無惡意，但是聽在柳谷的耳朵裡，肯定會覺得被調侃了。如果他不知道不破這個人一向面無表情，肯定會更加不悅。

果不其然，柳谷有些惱怒地將嘴唇抿成一條線。

「恕我直言，我沒有下什麼封口令。」

「就算沒有明說，當您親口告訴各轄區的署長有這麼多資料遺失的時候，其實他們就已經明白這實際上就是封口令了。」

「本部找不到的話，也可能是保管在轄區，所以我只是要他們確認一下。」

「能確認到的結果是？」

「做出指示後一個月，在轄區找到的資料一共有八件。」

「府警本部在那一個月也搜查過了？」

「那當然。」

「尋找失物時，應該先搞清楚遺失時的狀況。想必府警本部也調查過這一點了吧。」

被他這麼一問，柳谷突然噤口不言。

「本部長，請不要生氣，不破檢察官就是這樣的人。除非得到自己滿意的答案，否則就算對方是檢察總長，他也會窮追不捨的。」

「我想也是。」

「如果本部長無法告知的話，我只好前往府警本部翻遍所有的抽屜。」

「這我可不能坐視不管。」

大概是覺得自己坦承總比被別人侵門踏戶好，柳谷露出豁出去的表情、娓娓道來。

「各位都知道府警本部在二〇〇七年時搬遷到新的廳舍吧。當時保管在舊廳舍的搜查資料也一起移送過去，那個時候資料室還有很多空間。可是後來隨著重大刑案以及與轄區聯手偵辦的案件連年增加，到了我就任時已經呈現飽和的狀態。儘管如此，案件還是持續在增加，結果就連資料室以外的地方，例如機械室之類的角落都堆滿了存放搜查資料的紙箱。相較於進出都必須留下紀錄的資料室，機械室等地幾乎沒有門禁可言。不只職員，就連維修業者也能持通行證自由進出。每次交換零件或維修的時候，到處都擺放著業者帶來的工具或零件。為了避免干擾作業，也是會移動那些箱子。畢竟他們做夢都想不到搜查資料竟然會隨意放在那種地方。」

美晴可以輕易地想像出那個畫面。不是所有出入警署的業者都是注意力敏銳、思考力豐富的人。放在機械室那種地方，箱子本身也會蒙上一層灰塵，所以左看右看都想不到裡面竟然存放了重要的資料。而且做事草率的人也不見得只有進出的業者而已，在本部上班的職員中可能也不乏誤以為是廢棄物、把髒兮兮的箱子拿去丟掉的人。無論如何，處於那種保管狀態，少掉一百甚至兩百個紙箱也沒什麼好不可思議的。那兩百零五件的搜查資料，說是本來就屬於遺失的宿命也不為過。

「當初是怎麼發現資料遺失的？」

「因為發生府警本部警官偷東西的竊盜案，那個犯下罪行的警官有捏造證據的嫌疑。檢查資料室之後，才發現遺失了大量的資料。」

「其中也有超過十年的案件，強盜、傷害、竊盜、詐欺、恐嚇等恐怕早已過了追訴期。」

「我感到難辭其咎，打算明天就召開記者會。」

柳谷的頭愈來愈低。美晴也感到坐立難安。這件事絕對是要移送法辦的，但也不能全都怪在柳谷一個人頭上。

當然，監察官室一定會趕在媒體發表前採取行動。可以想見柳谷一定會受到懲處，從資料室的管理負責人到最底層的搜查員也都逃不掉，影響範圍相當廣泛。

室內瀰漫著有如檢察官偵訊犯人的氣氛，或許是出於惻隱之心，這時迫田幫忙打了圓場。

「以下是我的建議……把發現資料遺失的契機建立在剛才提到的警官捏造證據一案、以此為前提延伸，如何？」

面向不破的雙眼透露著期待與希冀。

「重要的是究責而非發現的來龍去脈，不是嗎？檢察官。」

也就是說，他的意思是要隱瞞被不破揭發的這個事實。不是檢察官調查後的結果，而是府警本部的自我淨化——藉此維護組織的體面。

就連美晴聽了都覺得全身的血液開始逆流。在西成署被大矢百般刁難，只有不破和美晴在資料室裡做牛做馬。不但搞得渾身是灰、第二天肌肉痛得要命不說，還得再加上睡眠不足。

不，不只他們兩個，這也為同時突擊六十五個警署的其他事務官添了很多麻煩。固然是看在不破的人望份上行動，但他們也絕對不是閒著沒事做。花在各轄區找資料的時間肯定直接擠壓到他們的日常業務。所以聽不破提到這件事時，美晴也在內心向他們致敬。現在迫田卻用一句話就要抹煞他們耗費時間、竭盡心力取得的成果，美晴當然無法接受。

不破會怎麼回答呢？以美晴的立場來說，會希望他駁回這個建議。不過不破本來就不是會看別人臉色的人，所以應該也不會接受。

「我是不介意。」

意外的回答害美晴一時之間還以為自己聽錯了。

「我會根據自己的判斷繼續調查。只要府警本部和轄區警署保證不會以任何形式妨礙我，記者會上要怎麼發表就交由本部長定奪。」

「檢察官。」

美晴忍不住出聲了。這時迫田與柳谷才一臉猛然發現美晴也在場的表情。

「請三思，不要接受這個提議。否則就等於檢察官和我們這些事務官的努力都付諸流水了。」

不破慢慢地轉過頭來。眼神還是讀不出感情，現在他的雙眸深處甚至呈現一片虛無。

「別說了。」

「可是這也太……」

「現在輪不到妳說話。」

依舊是感受不到溫度的聲音，但壓迫感比平時還更懾人。美晴反射性地閉上嘴，簡直就像是巴甫洛夫的狗◆。

迫田與柳谷尷尬地面面相覷，顯然並沒有打算考慮美晴的要求，立刻就若無其事地繼續討論。

「檢察官都這麼說了。記者會的內容就交給本部長了。」

「感激不盡。今後也請多多關照。」

「彼此彼此。」

雙方互相點頭致意。不用說也知道，肯定是柳谷的頭垂得比較低。原本府警本部長與大阪地檢的檢察長之間就沒有明確的上下關係，但是這個祕密協議讓府警本部欠了地檢一個人情。即使柳谷可能會因為這次的醜聞下台負責，這點也不會改變。

美晴恍然大悟。

原來如此。不破之所以答應迫田的建議，也是為了讓迫田欠自己一個人情嗎？

「那我先告辭了。」

柳谷最後再深深一鞠躬，離開了迫田的辦公室。

「這就是所謂的以心傳心嗎？」

迫田深深地坐進沙發裡，瞥了不破一眼。

「府警本部還有很多問題。」

「您的意思是說，府警本部應該歸地檢而不是警察廳管嗎？」

「怎麼可能。那可是明顯的越權行為。不過難以預料的事隨時隨地都會發生。無論是以什麼方式，賣對方一個人情總不是壞事吧。」

美晴為時已晚地對自己的沒眼力感到怒不可遏。

迫田是隻老狐狸。或許具有包容力，但他會深謀遠慮地加以利用這一點。

「沒有要事的話，我也先告退了。」

「好，辛苦你了。」

不破淺淺地行了一禮，轉身離去。一派輕鬆的感覺簡直就像是完成一項業務報告。

退到走廊上，美晴繞到不破面前。

「我無法接受。」

「什麼？」

「為了賣府警本部一個人情，檢察官和我們的努力都功虧一簣了。」

「妳工作時做的每件事都是為了得到讚美嗎？」

◆俄羅斯生理學家伊凡・巴甫洛夫（Ivan Pavlov）的著名實驗，也是古典制約理論的基礎。巴甫洛夫在進行狗的唾液分泌實驗時意外發現在餵食前固定發出鈴聲等某種聲響，之後狗只要聽到相同的聲音，唾液分泌量就會增加（條件反射）。

不破的話十分冷酷。

「因為花了時間、弄髒自己的手、發現重大的紕漏，就希望大家會更重視事務官的工作。因為做出了成績，就希望大家摸摸妳的頭嗎？」

「我不是這個意思。」

「如果不是這個意思，就給我閉上嘴巴。即使不閉上嘴巴，妳的情緒就已經全部寫在臉上了。包括妳在內，事務官的工作表現會由承辦檢察官和人事部給予正確的評價。還是妳不只想得到評價，還希望能站到鎂光燈下嗎？」

美晴被這麼一說，臉突然熱了起來。

若是要說她完全沒有想得到評價、完全沒想過要站在鎂光燈下是騙人的。再怎麼努力，事務官都只是檢察官的影子。鎂光燈不可能聚焦在影子所做的事情上。

即便如此，這次的搜查仍撩撥起她追求功名的欲望。府警本部祕而不宣的失誤將因為事務官的努力被攤在陽光下。從未預想過的成果確實迷惑了她的雙眼。她甚至夢想藉著這個機會，讓社會大眾也能注意到她們這些事務官。順利的話，說不定還能改變工作的內容或考核的方式。正因為如此，她才會對不破乾脆地接受迫田的提議感到疑惑與憤憤不平。

「檢察官對這件事還能心平氣和嗎？明明是您自己察覺異狀、開始蒐集資料、再從各個署長口中問出證詞的。」

「我沒很在意。」

他的態度並不讓人覺得是在虛張聲勢或撒謊。

「只要別來阻撓我工作就行了。幸好已經取得府警本部長的保證，至少以後不會再受到明日張膽的妨礙了。」

「……您說至少，這是什麼意思？」

「警察是典型的上對下社會。只要府警本部長一聲令下，至少從本部的職員到轄區員警都得乖乖聽命。但組織的情感是不受控制的。」

「組織的情感是什麼？」

「向心力愈強的組織，愈容易擁有相同的執念與怨懟，會把所屬部門遭受到的恥辱視為對自己名譽的抵毀。」

不破這麼說明後，美晴終於懂了。

柳谷表示明天就會召開記者會，當場說明府警本部犯下的過失。包括柳谷在內，肯定會有幾個高層和轄區警署的相關人員成為受懲處的對象。

屆時豈只府警本部，旗下六十五個警署的職員全部都會視不破為仇讎。

美晴才剛說出「可是檢察官」，就感覺口中極度乾渴。

「您說只要別來阻撓您工作就好。但市府警本部共計遺失了兩百零五件搜查資料一事已經彙整成報告了，您還要調查什麼呢？」

「接下來才要攻入敵人的大本營，這樣妳明白了嗎？」

「欸？」

美晴還打算繼續追問，不破已逕自從她面前走開、大步流星地消失在走廊的盡頭。

美晴猜不透不破的目的，只能先跟上去再說。

4

第二天，不破與美晴結伴前往西成署。

上次拜訪時莫名其妙吃了一頓排頭，但這次就連坐在櫃台的女性職員反應都不一樣了。仰望不破和美晴的眼神中隱含著敵意，指向會客室的動作也十分粗魯。

不過，這次被討厭的理由再明白不過。今天上午十點，柳谷大阪府警本部長當著所有記者的面公開了府警內部丟失兩百零五件搜查資料一事。還在首次報告的階段，因此沒有詳述兩百零五件資料的內容和今後的處置方式，但幾個直覺敏銳的記者輪番提出一針見血的問題。

『您說這兩百零五件的內容物還在調查中，那麼案件的發生時間可以回溯到幾年前呢？』

『目前還在詳細核對調查紀錄，恕我無法回答。』

『無法回答，也就是說，其中也包含已經過了五到十年的案件嗎？如果是業務過失致死罪或強盜罪、傷害罪，追訴期為十年；如果是竊盜、詐欺、恐嚇罪，追訴期為七年；如果是暴力、脅迫罪，追訴期為三年。萬一遺失的搜查資料已經超過了每個案子的年限，事實上就等於無法再提起公訴了。』

『……理論上是這樣沒錯。』

『這樣沒錯？請問是怎麼樣沒錯？本部長，那兩百零五件資料中搞不好有很多案件都已經過了追訴期卻還沒破案，犯人現在正大搖大擺地在路上昂首闊步喔。』

『正是因為如此！在精確核對作業還沒有完成之前，請恕我們無可奉告。』

正在看電視轉播的美晴差點沒被柳谷說的話給氣死。

什麼還在詳細核對調查紀錄。兩百零五件的內容早就彙整成報告了，沒有任何遺漏。儘管如此，他卻說還在核對，大概是相較於一次全部公諸於世可能會引起社會大眾強烈反彈的這個風險，他意圖選擇以擠牙膏的方式每次透露一點點消息，藉此讓風波逐漸平息。這是公務員經常使出的招式，卻沒發現這其實是最糟糕的手段。一次透露一點消息只會徒然延長報導的時間，讓社會大眾失去對警方的信任。他們或許是認為就算颱風來襲，只要撐到雨過天晴就可以了，然而卻沒有意識到自己的行為只會讓風暴一直駐足在原地。

柳谷只花了十分鐘就結束記者會，隔著螢幕都能感受到記者的不滿。只要有眼睛的人都看得出來，各家媒體都決定繼續追蹤報導。

什麼時候不好去，偏偏選在記者會的兩小時後拜訪西成署。想也知道還沒召開記者會以前，所有的轄區警署都已經透過柳谷得知是不破揭發了府警本部遺失搜查資料的事實。意思就是，不破偏偏選在警署職員們最失意、最憤怒的高峰時刻跑來飛蛾撲火。

不破這個男人並不是不會察言觀色，而是不去察言觀色。如同他自己的預測，就算柳谷已經下達要給不破方便的命令，也很難控制每一個警署職員的情緒。要在周圍充滿惡意的環境中平心靜氣地繼續搜查，簡直太考驗心理素質了。就拿現在來說，他們已經在另一個房間等了半天，卻連一杯茶都沒送上來。

「在這種四面楚歌的情況下，究竟還能調查什麼？」

「妳先安靜點。」

即使身處於四面楚歌的情境，不破的態度依舊與平時無異。美晴這次真的很想敲開不破的腦袋看看裡面。大概只有掌管理性的左腦特別發達、執掌感性的右腦肯定已經完全退化了。

「妳問了好幾次的大本營就是這裡。看了就知道吧。」

為什麼不事先說清楚呢——在美晴表示抗議之前，房間的門開了，大矢把頭探了進來。

「辛苦了，檢察官。」

嘴上打著招呼，頭卻連一公厘都沒有低下來。光是這樣就能看透大矢的心情了，而且這個人似乎也沒有要掩飾的意思。

「府警本部下達指令，要求全體職員必須盡可能協助不破檢察官調查。」

「那真是太感謝了。」

「不過盡可能的範圍可能會因人而異，還請您不要太苛求。」

立刻就開門見山地表示沒有要幫忙的意思。但這麼直接反而讓人覺得很痛快。

「請問您今天是來調查什麼？恕我先跟兩位報告，資料室現在不允許任何人進出喔。」

「為什麼？」

「當然是拜檢察官大張旗鼓地揭發府警本部的失態所賜啊。監察官室那群人今天一大清早就找上門來，占領了資料室。就算是本署的人員，也得等到他們搜查完畢才能進去。」

監察官室的動作果然很快。照這樣看來，其他轄區應該也都落入他們手中了。

「基於這個原因，就連我們也無法隨意進入資料室。不好意思，這次應該又要麻煩檢察官自己調查了。」

「別這麼說，很感謝你有這份心，不過這次我沒有要進資料室。」

美晴下意識地望向不破。大矢露出了意外的表情，但自己臉上的表情肯定也和他相去不遠吧。

「今天來打擾是有事想請教大矢警部補。來，請坐。」

大矢一臉詫異地在不破的正前方坐下。

即使與大矢面對面坐下了，不破卻遲遲沒有開口。只是一瞬也不瞬地直視大矢的雙眼，似是要一路探究到他的內心深處。大矢或許也覺得很詭異，也宛如要與不破對抗似地回以尖銳的眼神。

「趁這個機會老實告訴您好了，我是宣誓效忠大阪府警的刑警。或許不破檢察官的告發是正確的，但此舉也讓府下六十五個警署的士氣跌到了谷底。」

「所以呢？」

「您應該也對大阪地檢特搜檢察官的醜聞感到痛心、應該也覺得早知道還是別發現會比較好，就算發現了，也會希望批判的聲浪能趕快過去。」

或許是因為不破面無表情、一句話也沒說的關係，大矢說得愈來愈激動。

「司法制度絕不能出問題。因為一旦出問題，就會動搖人民對司法的信賴，人民將不再服膺司法的判決。這麼一來就稱不上是法治國家。」

「你所言甚是。」

「所以警方和檢方都會私底下處理掉自己人闖的禍，以免醜聞鬧大。這絕對不是為了包庇自己人，而是因為這麼一來才能維持司法機關的嚴謹。然而您卻毫不遲疑地背叛了這一切。請恕我失禮了，您為了提升自己的評價而拉滿弓、把箭矢對準了我們。把箭朝向了一起合作逮捕、糾舉犯人以解決案件的伙伴。」

美晴險些出言反駁。

最後這句話不對。

不破所做的一切並不是為了提升自己的評價。要是這個人如此會鑽營，美晴也不用疲於奔命了。他只是堅守自己的信念、貫徹自己的作風而已，全然不把什麼規定、什麼常識、什麼上下關係放在眼裡。

被不破拉弓鎖定的對象恐怕也不是府警本部，府警本部只是剛好掃到了颱風尾。直覺告訴美晴，不破想射穿的對象另有其人。

「您或許是很了不起的檢察官，但我實在無法尊敬您這個『人』。」

「這句話說的也沒錯。」

不破四兩撥千金地掠過大矢的憤慨。雖然現在說這個好像有點晚了，但美晴開始對不破這個人萌生了畏懼。再怎麼保持冷靜，身為人類不應該只具備理性。若是沒有平靜、歸屬、共生這些容身之處的話，是無法存活下去的。

然而，不破身上絲毫感受不到這方面的脆弱。如同他永遠頂著無懈可擊的能面，不禁讓人懷疑他是不是連精神面都戴了副面具。對這種人表達尊敬，或許也只會換來他的嗤之以鼻吧。

「我反而喜聞樂見你這種反應。」

「啊？」

「要是你顧慮太多，導致證詞內容自相矛盾，我反而很傷腦筋。你能對我懷抱敵意真是幫了大忙了。」

「您置身於司法體制之中，難道連一絲絲的歸屬感都沒有嗎？」

「先不管我有沒有歸屬感，大矢警部補的歸屬感倒是太強了。這也導致了誤逮谷田貝的結果不是嗎？」

那一瞬間，大矢的表情凝固了。

「您想說什麼？」

「谷田貝有案發當天的不在場證明，這已經證明他是無辜的。」

「哦，是是是，您真是有本事啊，檢察官。真不愧是人稱大阪地檢的王牌。我們這些人太愚昧了，整個西成署強行犯係全員出擊都不及您一個檢察官。」

「你深信谷田貝就是犯人吧。」

「那當然。我們又不是刻意要製造冤案。綜合考量那傢伙以前幹過的事，再整合實地查訪和梳理相關人士的說法之後才判斷他就是兇手。不過您現在是打算把誤判的我們怎麼樣？還想繼續打落水狗嗎？」

「不僅如此吧。」

隨著大矢愈來愈激動，不破就愈來愈冷靜。見他如此冷靜，大矢反而更加激動了。

「得理不饒人、緊抓著我們署的失誤窮追猛打有什麼樂趣嗎？」

「我想知道的是，明明只有少得可憐的物證，西成署卻還是硬要逮捕、送檢的真意。」

「什麼？」

「能證明谷田貝是犯人的物證只有他連帽衫上所附著的被害人毛髮。但他本人拚命主張的不在場證明，只要有心再次向派出所調閱報案紀錄，應該就能讓你們放棄送檢才對。然而你們還是急著送檢，難道不是因為當時西成署內部已經發現有大量的搜查資料下落不明了嗎？」

大矢沒有回答。不對，是無法回答。

美晴看著他們你來我往，也是一句話也吐不出來。正確地說，是還不能充分理解不破這句話的意思。

「四月十五日發生了須磨菜摘與楠葉峰隆被殺害的事件，從案發現場採集到的證物由府警本部保管。

包括大矢警部補在內，搜查本部只靠僅有的微薄線索就懷疑到谷田貝身上並逮捕他。然而在那之後的二十日前後，柳谷府警本部長下令對搜查資料大量遺失一事進行確認。貴署在依照指令去檢查自家的資料室時，應該感到十分錯愕吧，因為接下來要送檢的案件搜查資料竟然有一部分不見了。」

大矢露出啞巴吃黃蓮的表情。看著這一幕的美晴也知道自己的臉部肌肉同樣跟著繃緊起來了。

「貴署深信谷田貝就是兇手。因為是備受世人關注的跟蹤狂犯罪，要是已經抓到犯人卻不送檢，一定會受到追究。你們擔心部分搜查資料遺失的狀況會因為沒送檢而東窗事發，因此即使遺失了部分的搜查資料，還是執意送檢。比起仔細調查，還是以隱蔽組織的醜聞為優先。」

怎麼這樣……抗議聲不知不覺地脫口而出。大矢斜睨了美晴一眼後，又難為情地別過臉。

「只因為這麼無聊的理由就抹煞谷田貝的不在場證明嗎？萬一不破檢察官沒有再啟動搜查的話，谷田貝就會成為被告，搞不好會被判刑喔。」

「……就結果來說並沒有變成那樣。」

「這不是結果的問題而已。就是因為你們警方這麼做……」

「惣領小姐。」即使不破用毫無起伏的語調發出警告，也阻止不了美晴。

「妳別說了。」

「我不能不說。比起徹底進行調查，警方居然以遮遮掩掩為優先，簡直不可理喻。就是因為這樣才無法杜絕冤案的發生。」

「我叫妳別再說了。」

聽到不破那冷冷的語氣，美晴的一頭熱也一口氣冷卻了。

「可是……」

「我可以體會妳忿忿不平的心情，但是先冷靜下來。」

美晴無從揣測這句話的意思。是要她等自己的偵訊全部結束再發脾氣、還是要發飆的對象另有其人呢？

「我的事務官說了失禮的話，請多見諒。」

「好說……」

「如果我的推論有錯，還請不吝指正。」

「有什麼好指正的，考慮到命案發生的時間點和遺失了部分的搜查資料、加上收到府警本部長的指示，會做出這樣的結論也不奇怪。我們只能表達自己的情緒，所以也無從舉證。」

或許是緊繃的弦斷了，大矢的語氣也跟著放軟。

「我自認搜查得很仔細，但腦子裡確實也閃過府警本部長的指示。事到如今，我也搞不清楚自己的意識傾向哪邊了。」

「這樣啊。」

「但是不破檢察官，或許我們對組織的防衛確實過當了，但這件事本身並沒有錯。只有這點我一定要說清楚。」

「是嗎。」

「檢察官您似乎沒有什麼歸屬感，但身在組織內的人，大部分都跟你不一樣。基本上都是弱者，受組織保護、也保護組織。所以請不要瞧不起這些人。大家都是拚命隱藏自己的軟弱在打擊犯罪。」

「我沒有瞧不起任何人的意思。」

「我可不這麼覺得。」

「那只是你的主觀想法。」

不破說的對。因為面無表情，讓人無法判斷不破在想些什麼。就連一天到晚與不破結伴行動的美晴都無法判斷了，只見過一、兩次面的大矢就更不可能猜得到不破內心的想法。儘管如此，他卻一口咬定不破瞧不起他們，想必是自己的自卑感使然。

或許不破那張能面不只能用來隱藏自己的真實想法，可能也是一面反映對方心中所想的鏡子。

「檢察官，您打算怎麼處置我們？」

「什麼也不做。」

「什麼也……不做？」

大矢露出茫然的表情。

「如同我一開始說的，我只是來確認共同搜查本部和西成署強行犯係當初是怎麼處理谷田貝的案件，除此之外沒有別的用意。」

「關於我們的處分……」

「那是監察官室的工作。」

「您不認為優先保護組織的西成署強行犯係是不可饒恕的嗎？」

「原諒與否並不是我的工作。」

「那您到底為什麼要從事檢察官的工作？您沒有正義感嗎？」

「我沒有義務回答你這個問題。大矢警部補，很感謝你撥出寶貴的時間給我。」

不破留下一臉錯愕的大矢，頭也不回地走出會客室。美晴徒具形式地向大矢行了一禮，就跟了上去。

「檢察官，剛才那裡就是大本營嗎？」

「我是這麼說的。」

「這麼一來，搜查已經告一段落了嗎？」

「我可沒說已經結束了。不要一下子就跳到結論。妳有各式各樣的缺點，但是就屬這一點最為致命。」

這句話也說得太氣人了，但他說的也沒錯，所以美晴無法反駁。

「再說了，殺害須磨菜摘和楠葉峰隆的犯人還沒抓到。」

這麼說倒也是。

最近都在處理府警本部捅的簍子，完全沒餘裕思考重新調查谷田貝案件的事。

既然谷田貝有不在場證明，偵辦便回到了原點。必須重新成立搜查本部、從零開始調查這個案子。一旦找到新的嫌疑人，還得重新調查他的人際關係並實地走訪打聽，以破解他的不在場證明。

谷田貝的案件成了揭發資料遺失醜聞的契機。不難想像不得不重新展開調查的西成署強行犯係的士氣會有多麼低落。

「重新調查會綁手綁腳吧。」

「綁手綁腳也沒關係，慎重一點比較好。」

此刻美晴終於理解到不破在等的就是這個結果。

就像飛機失事或食物中毒，剛出過事的組織會上緊發條，不會像先前那麼容易出錯。警察也是如此。因為府警本部才剛爆發了醜聞，本部和轄區警署的辦案手法會將慎重度提升到最高點。在這種情況下送檢的案子，可以期待錯誤率將會非常非常低。

雖然美晴不認為不破是為此才揭發府警本部的醜聞，但也覺得不無可能。

更令她感興趣的是大矢最後的問題。

您沒有正義感嗎？

截至目前，不破提到正義感時，主要都是從負面的角度出發。

一如，只要能滿足妳的正義感就行了嗎。

一如，揮舞著正義感的大旗，但行為卻與三歲小孩無異。

一如，立場變來變去的人根本沒資格談正義感。

這個世界上有否定正義感到這種地步的司法界人士嗎？司法毫無疑問就是法律的正義，對檢察官來說、秩序就是正義；對法官而言、判決就是正義。

不破該不會其實是反對正義的吧？會不會認為人們內心的正義感皆為虛妄呢？

美晴想向本人問個清楚明白。既是出於個人的好奇心，希望將來能成為檢察官的美晴也想知道被譽為大阪地檢王牌的知名檢察官有什麼信念。

但就算問了，對方也不會坦率地回答，不過剛才幾次發言都被封殺，事到如今就算再次被視而不見，自己也不痛不癢了吧。

「不破檢察官的正義是什麼呢？」

美晴朝著背影問道，但不破沒有回答。既然如此，那她就再問一次。

「雖然跟大矢警部補剛才的意思不太一樣，但不相信正義的檢察官究竟要何去何從呢？」

還是沒有回應。

「難道您一點也不相信正義嗎？還是您認為正義什麼的只是每個人對自己有利的說詞？」

「囉嗦。」不破總算有點反應了。

「妳已經不是司法研習生了，正義長、正義短的，這麼幼稚的字眼妳要嘟囔到什麼時候？」

「正義基本上都很幼稚吧。」

「這只是妳的主觀想法。跟大矢警部補沒兩樣。」

「單就表裡如一這點，大矢警部補還比較像個人類。」

「那是因為妳想得太淺了。」

不知是想到了什麼，不破突然轉過頭來。

「表裡如一有時候也意味著容易上當。是自以為聰明的人最容易掉落的陷阱。給我記好了。」

四、喪失威信的組織

威信のない組織

1

出乎府警本部的預料，搜查資料大量遺失事件的浪頭不僅沒有平息下來，反而還更加猛烈。

大阪市民反對權力、討厭警察的傾向本來就很強烈，府警本部的醜聞與隱瞞的習性也煽動了大眾的反感。當地的報社和電視台自然不會放過這個見縫插針的好機會，不分青紅皂白地對府警本部展開鋪天蓋地的批判。

『搜查資料大量遺失　必須追究府警本部的風險管理責任。』

『資料遺失　推估約有一百五十件案子無法起訴。』

『本性難移的隱瞞習性。』

躍然紙上的標題還不算聳動，但付出的代價就是一發不可收拾。這幾天的報紙不只訂戶，就連零售也都賣翻了，甚至創下書報攤的進貨量被搶購一空的紀錄。

從銷售量可以看出市民非常關心這個問題，因此在地報社都決定繼續報導。另一方面，大阪當地的電視台也製作了特別節目，跳上這輛順風車。以前會擔心過度批判府警會招來恨意，但這次報社與電視台難得槍口一致對外，所以根本沒有理由自我約束。再加上以前發生過的各種醜聞已經讓市民累積太多不平不滿，比報導更毒舌的評論持續不斷地出現。

『總而言之啊，大阪是個搶劫比詐欺多的城市，從這個角度來看，確實是很不平靜的城市。也就是說，必須更致力於破案率的提高才行。可是這次的資料遺失事件卻導致將近一百五十件案子無法起訴。換句話說吧，等於有將近一百五十個嫌犯不僅沒接受法律的制裁，還放任他們在外頭到處跑喔。』

『大阪府警從以前就經常出紕漏，每次換上新的府警本部長都會上新聞，可是大部分的時候就只是打打招呼、走個過場。但過去的事件根本無法跟這次比較。』

『因為資料室沒地方放了，就把存放搜查資料的紙箱堆在機械室裡。問題在於隨便哪個業者只要用維修等理由都可以進出機械室，根本沒有做好安全控管。從這個例子也可以看出大阪府警的風險管理實在做得太差了。我有說錯嗎？萬一業者心懷不軌，不就等同於可以輕輕鬆鬆地把搜查資料給帶出來了嗎？』

『風險管理是一回事，最嚴重的問題莫過於因為資料遺失而無法起訴，因此過了追訴期的案件多不勝數。對嫌犯而言無異於天上掉下來的禮物。做了天大的壞事也不會被捕、不會被告、也不用接受法律的制裁，簡直是犯罪天堂嘛。』

『事實上，這次最大的受害者莫過於目前尚在偵辦中的案件相關被害人。好不容易鎖定了嫌疑人，只要移送地檢、經過審判、接受判決，對被害人而言就能揮別過去，重新再開始了。沒想到因為資料遺失讓案件就此不了了之。被害人受的委屈不僅沒有得到伸張，還得擔心犯人挾怨報復。這實在太可怕了。萬一被害人因此受到二次傷害，府警本部到底該承擔多大的責任根本就無法估量。』

府警本部草草結束了第一場記者會也帶來了反效果。當地媒體的報導一天比一天白熱化。這麼一來，就連東京那邊的媒體也不可能置身事外，四大電視台和全國性的報紙都加入了戰局，搜查資料遺失事件從大阪引爆、一口氣發展成全國性的一大醜聞。

基本上是由大阪當地的媒體找出事件的突破口，東京的媒體再以隨後跟上的方式報導此事。

1　府警本部以及搜查資料的管理者該負起什麼責任？

2　是否能恢復遺失的資料，讓搜查得以繼續？

3　假設無法繼續搜查，有可能重新啟動嗎？

4　遺失資料在先，公訴時效還能成立嗎？

5　原本鎖定的嫌疑人就這麼放著不管嗎？

全都是令人窮於回答的問題，而且主角全部是大阪府警。最容易解決、但影響也最大的是第一個問題。

電視台是追求即時性的媒體，立刻開始追究府警本部的責任。他們以簡單明瞭而且可以稱之為煽情的主題吸引了觀眾們的注意力。

『這不只是負責管理搜查資料的第一線人員的問題，府警本部長也必須負起監督責任。』

『大阪府警已經爆出這麼多的問題，警察廳卻始終未曾大刀闊斧地改善，應該也要負起任命責任來。』

『不，不止大阪府警，警界的醜聞一直以來就沒斷絕過。難道這不是因為國家公安委員會委員長的指導能力有問題嗎？』

倒也不是要呼應這些問題，但大阪府警監察官室亦在媒體拚命究責的聲浪中採取行動。監察官前往丟失資料的府警本部及四十二個轄區警署，針對資料室的管理負責人員與署長展開調查。因為目前還在訊問當中，所以監察官室的搜查員好像全部出動了，辦公室裡空無一人。

這些消息都是從仁科那邊聽來的。仁科不僅熟知地檢內部的一切，似乎就連府警本部的內幕也瞭若指掌。

「因為消息會自然而然地傳到總務課嘛。」

「為什麼要告訴我？」

「這還用說嗎。當然是因為引起軒然大波的不破檢察官本人太沒有自覺了。」

不知為何，仁科說得眉飛色舞。

「身為事務官的妳也一樣，如果不知道自己做的事會帶來什麼影響、影響有多麼深遠，大概也不知該如何自處吧。」

「如果都不知道，確實有種被排除在外的感覺，令人靜不下心來，可是……」

「可是？」

「我就算了，但天曉得不破檢察官怎麼想呢。不管砲火是不是集中在府警本部，他都不會在乎吧。」

「話雖如此，知不知道內情還是有天壤之別。優先處理自己的工作是一回事，但最好還是要有點概念、知道有人已經受到煽動了。」

「這是必要的嗎？」

「自覺是有必要的喔。因為自覺的覺是覺悟的覺。」

仁科突然換上嚴肅的表情。

「每一個檢察官都是獨立的司法機關，所以不破檢察官只是貫徹自己的做法，這點沒有任何問題。但就算是獨立的司法機關，說的話、做的事也會造成相對的影響。毫無自覺、愛做什麼就做什麼未免也太不負責任了。」

「請問……上頭對這次疏失的處分是不是太重了？才會讓課長說出這種話。」

「與其說是處分，不如說是肅清。」

聳動的字眼令美晴悚然一驚。

「監察官室隸屬於府警的警備部，亦即所謂的自己人。或許也會有外部的人質疑他們會不會在偵辦、處分自己人的時候放水，但那是不清楚內情的人才會說出口的話。府警本部可不是上下一條心。有一派對柳谷府警本部長馬首是瞻，自然也有另一派正等著柳谷派馬失前蹄。」

「府警本部內有派系鬥爭嗎？」

「這裡也有啊。」

仁科莞爾一笑，然後壓低了音量。

「就像我們女人只要三個聚在一起就會形成派系。警察或檢察官體系這種手握權力的組織還有所謂的階級制度，有階級的地方就一定會產生派系，這已經是一種世間常態了。說得具體一點，大阪府警的警備部長是反柳谷派，從以前就虎視眈眈地等著本部長失勢，這次總算給他們等到了天大的醜聞，監察官室肯定在心裡笑得嘴都要裂開了。別說不會對自己人放水，反而還會因為是自己人，才更加毫不留情地徹查。」

美晴聽著聽著，發現自己愈來愈心煩。大概是因為在大阪地檢工作還不久，對於司法機關還抱持著某種不切實際的幻想。

但不管是警察還是檢察官，終究都是凡夫俗子。既然是凡夫俗子，就免不了熱中於結黨結派、剷除異己。

「可是再怎麼說，用到肅清這兩個字也太誇張了。聽起來好像是反府警本部長派打算要利用這次的醜聞。」

「不是聽起來好像是這樣，實際上就是這樣。」

仁科依舊用壓低的音量說道。

「四十二個警署、兩百零五件資料遺失。數量與範圍都太龐大了，牽扯到的警察人數也很可觀。換個說法，執掌監察官室的府警本部警備部長握有這些警官的生殺大權。是要記個警告就算了、還是減俸呢？搞不好還得引咎辭職。直到這場騷動落幕之前，大阪府旗下的警察都得對監察官室和警備部長言聽計從。」

瀰漫著肅殺之氣的閒談到此結束，但沒過幾天，美晴就知道仁科既不是開玩笑、也沒有說得過於誇張。當然，這也是總務部收到的地下情資，而非府警本部正式發布的通告。與搜查資料遺失事件有關的四十二名警察署長，以及資料的管理負責人共計九十七人，其中有超過七十人受到懲戒處分。

警官的處分大致可分為以下兩種。

・懲戒處分：免職、停職、減俸、申誡

・內規處分：訓誡、本部長警告、嚴重警告、所屬長官警告

對當事人而言，最嚴重的當然是懲戒處分。如果只是內規處分，頂多是對升職產生若干影響的程度。但如果是懲戒處分的話，對於今後的人事及晉升都會造成相當大的影響。倘若總務部獲得的地下情資正確無誤，那麼比起處分，確實以肅清來形容要更為貼切。

聽到這件事，美晴立刻就向正在辦公的不破報告。因為依不破的個性，今後大概還是會常跑轄區，所以她認為應該事先了解一下轄區警署是怎麼看待不破這次的功績。

「開始肅清了。」

聽到美晴這麼說，饒是不破也表現出好奇的樣子。

「妳是在說哪個獨裁國家的事情。」

「不是國家，是在說大阪府警。監察官室的偵辦已經大致告一段落，與遺失資料事件有所牽連的警官有七成以上遭到處分，而且其中大部分都是包括免職在內的懲戒處分。」

你知道自己做的事情對周圍造成多大的影響嗎——美晴還以為即使是這個堪稱以能面為代名詞的男人，多少也會感到膽怯或後悔。

然而，不破的反應還是一如既往。

「那又怎麼了？」

「您問怎麼了……據說這次的處分是近年來少見的大範圍與嚴厲呢。」

「做出攸關追訴期的疏失，還想永遠隱瞞下去。身為執法人員，受到處分是理所當然的。」

「難道您對處分的內容沒興趣嗎？」

「沒有。」

他的語氣不容美晴再問下去，美晴只好乖乖閉上嘴。她已經學到當不破用這種語氣說話時，自己說什麼都沒有用的道理。

仁科說過，就算檢察官是獨立的司法機關，但毫無自覺地愛做什麼就做什麼實在太不負責任了。美晴也有同感。不破是很少犯錯的人，不容易受感情左右，所以用自己的方式做事基本上是沒有問題的，但應該也要知道會有人因此蒙受有形無形的傷害。仁科沒有說得這麼直接，但能否了解這一點確實會影響到今後的行動。

但不破卻連知道都不想知道。而且不破這個人一旦不感興趣，就算拿槍逼他，他也不會多看一眼。再這樣下去，仁科的忠告就白費了。正當美晴心急如焚時，桌上的電話響了起來。

「是，我是不破……現在嗎？好的，沒關係。我會過去。」

不破回答得一派輕鬆，美晴還以為是什麼業務方面的聯絡，但不破給出了「檢察長找我過去」這個驚心動魄的答案。

又來了。美晴也只能嚥下不必要的台詞，無奈地跟在不破身後。

「聽說府警本部監察官室的方針大致上已經決定了。」

迫田開門見山地說完，美晴險些叫出聲來。才剛剛覺得這也太巧了，但仔細想想，說到迫田會找不破當面談的案件，除了跟府警本部有關之外也沒有別的可能了。

「是嗎。」

即使聽到迫田這麼說，不破看上去還是完全不在意。

「你還說什麼『是嗎』。真要說的話，這可是檢察官你埋下的種子喔。」

迫田一臉無奈地說道。相對於此，不破的回答也好不到哪裡去。

「我不認為我埋了什麼種子。」

「既然如此，那我換個說法好了，這可以說是你掃雷的結果。要移開地雷太困難了，只好刻意引爆地雷。這次的搜查資料遺失事件就是這麼回事。掃雷是好聽一點的說法，實際上最後就是讓埋在土裡的地雷全部引爆。」

美晴覺得迫田的比喻十分絕妙。從結果論來看，確實是因為工作受到干擾，不破才把府警本部拚命掩蓋的醜聞給攤在陽光下的。此舉與引爆地雷沒什麼兩樣，但是看在當事人眼中，就只是公事公辦地處理掉攔路的大石罷了。

「如果以地雷為例，要追究責任的應該是埋下地雷而不是處理地雷的人吧。如果不處理的話，遲早會有人踩到引爆的。」

「說到找理由果然還是你技高一籌啊。」

迫田不悅地瞪著不破。

「你知道處分的內容嗎？」

「有聽到一點地檢內部流傳的耳語。」

「下個月才會正式宣布，總共有七十六人會受到懲處，主要是停職和減俸，其中也有四個人遭到懲戒免職，是很嚴重的處分。與最近的公務員懲戒比起來，可說是前所未有的重大懲處。特別是針對府警本部內的處分特別嚴厲，柳谷府警本部長當然也無法倖免於難，至少得停職一個月以上。如果要接受這種處罰，他有很大的可能性會選擇辭職。」

府警本部長辭職下台。就連美晴也嚇到了。如果要追究管理責任的話，這的確是可能性很高的處罰，但即便如此也太苛刻了。

不破的表情依然分毫未變。

「這些事跟我沒有關係。」

「這句話還輪不到揭發醜聞的人來說。」

「這不是醜聞，我只是確認了證物遺失這件事。」

「這種詭辯太不像你了。就算你本人沒有這個意思，最終還是引發了慘案。」

「您的意思是覺得我睜一隻眼、閉一隻眼會比較好嗎？」

「怎麼可能。要是錯放搜查過程中發現的缺失，這次就變成是地檢幫忙隱瞞了。不破檢察官的行為即使見諸報端，也沒有人會責怪你。順帶一提，你知道警界相關人士是怎麼評價你的嗎？」

直覺認為這是個埋了地雷的問題。不破根本不關心周圍的人怎麼看待自己，這種旁若無人的人會在乎自己在警界的風評嗎？迫田似乎也預料到這一點，在面無表情的不破面前慢條斯理地搖搖頭。

「看你的表情想必是不知道了。也對，檢察官你就是這樣的人。」

「因為考核我是次席檢察官的工作。」

「警察都在第一線見識到你連特搜的事務官都叫得動的本事了。即使你的行為本身充滿正當性，但對於被踩到痛腳的當事人而言，你做的事就跟刺客沒兩樣。嗯，大家都恨你入骨，沒有人是誇獎你的。」

「原來是這樣啊。」

「聽說受到處分的警官中，也有不少單純被追究管理責任的長官平常是深受部下愛戴的。」

「原來如此。」

「也有很多警察認為我們檢察官是與他們目標一致的伙伴。看在那些人的眼裡，這次的事情不啻為對伙伴放冷箭的行為。警察是一種歸屬意識很強的組織，因此會比一般人更加痛恨對伙伴放冷箭的人。我也不想這麼說，但不破俊太郎檢察官如今已經成為大阪府警不共戴天的敵人了。」

即便都說到這個地步了，迫田還像是在觀察不破的反應那樣窺探他的表情。

「我可以理解府警本部底下的警官們會對我抱持這樣的情緒，但我還是不認為這跟我的工作有任何的關聯性。」

「但你今後還是會到轄區去吧。」

「如果有必要的話。」

「屆時必須做好隻身闖入敵營的心理準備喔。畢竟你是他們不共戴天的敵人嘛。」

不破行動時必定有美晴同行，所以用隻身形容不太正確，但迫田顯然沒把事務官當成戰力。

美晴感到著急，但不破依舊一派輕鬆地與迫田正面相對。不心虛也不膽怯，眼神簡直與盯著試管的化學家無異。

「不管警官們會怎麼看我，我完全不打算改變自己的做法。」

「我就知道你會這麼說。可是啊，不破檢察官。這跟過去頂多被當成空氣的情況完全不一樣。一個搞不好，人才剛踏進警局，立刻就會被一些莽撞的人給伏擊，這樣的可能性也不是完全沒有喔。」

「伏擊。那是黑道才會有的行為吧。」

「當組織的根基受到撼動、尊敬的大家長人頭落地，無論是警察還是黑道都會有相同的心情喔。別說我沒有警告你，雖然警察的徽章與黑道別的代紋◆不一樣，但組織結構的邏輯基本上是差不多的，都是論功行賞、上行下效的垂直社會。」

美晴還以為自己聽錯了。雖說是其他的組織，但她怎麼也想不到地檢的檢察長竟然會把警察與黑道相提並論。要是被柳谷府警本部長聽見了，真不敢想像他會露出什麼樣的表情。

但另一方面，只要冷靜觀察的話，又覺得他的說法倒也沒錯。尤其是在大阪府旗下的警察都對不破展

◆日本黑道組織的識別徽章。除了代表自己的所屬組織之外，也是榮譽、統治、團結與向心力的象徵。對外除了識別之外，也是一種威嚇的手段。

現了要把他生吞活剝的危險氛圍下，實在無法對迫田的忠告一笑置之。

「暫時別去轄區走動，先等風波平靜下來如何。」

從迫田的語氣可以聽出這是他最大的讓步了。

「我不想干預檢察官的做事方法，但眼下確實有諸多不便。你應該也知道『君子不立於危牆之下』的道理，而且你也不是會主動去踩地雷的那種人。」

終於說出真心話了嗎。

搜查資料遺失一事讓大阪府警被迫站在風頭浪尖。如果不破再去觸怒他們的敏感神經，難保大阪地檢不會受到波及。迫田擔心的是這點。

「你也知道，大阪地檢前不久也因為特搜部竄改證據的弊端成為民眾批判的箭靶，揚言要大刀闊斧改革後還沒經過多少時日。所以不瞞你說，我暫時不想再掃到任何形式的颱風尾了。」

人跟組織都是一樣的，無論皮膚再怎麼堅韌，要是剛癒合的傷口又被掀開的話，不只會痛，還會流血。

「當然這也是為了不破檢察官好。我不希望因為一些衝動魯莽人士的關係，讓優秀的檢察官暴露在難以預料的危險之下，不，這時已經是可以預料的危險之下了。」

聽起來雖然是臨時才補充的叮嚀，但迫田這個人還是努力維持了說話的品格。不想讓不破陷入危險，應該也是他的真心話吧。

可惜不破不是那種會感謝別人好意和顧慮的人。

「非常感謝檢察長的好意，但請恕我不打算改變自己的做法，也不會因此自我設限。」

「……有時候堅持己見實在稱不上美德。」

「我也不覺得堅持己見是美德。這單純只是作風的問題。」

「只因為單純是作風問題，就不在乎自己的安危嗎？」

「我不是君子，所以就算是所謂的作風，也只是在執行檢察官職務的過程中把作風擺在優先順位罷了。」

「這就是堅持己見的意思。」

迫田的口吻變得嚴厲。

「我無意對你的作風下指導棋，但如果完全拒絕周遭的忠告，遲早也會被周遭的人拒絕的。」

「如果是其他職業就算了，我認為從事司法工作的人沒有必要去迎合周圍的人。」

不破槓上了迫田，但臉上的表情始終如一。

「無論是什麼樣的組織都需要協調性，獨善其身的人一定會被孤立。」

「想必不需要我這種人再重申，為了加入一般民眾的觀感而引進陪審員制度的刑事訴訟現在是什麼樣子。反映太多一般民眾的主觀情緒而非客觀角度的結果，就是有陪審員參與的判決明顯傾向於從重量刑。然而現狀是因此催生出許多上訴案，而上訴的結果往往又推翻了原本的判決，導致第一線的人員無所適從。您自己不也說過，這都是為了迎合不具實體、所謂的一般民眾心聲所招致的惡果嗎？既然司法制度講求嚴謹，有時候就得獨善其身不是嗎？」

「你這個人就是會記住這些沒必要的小事呢。」

迫田尷尬地說道，嘴唇扭曲著。

「不僅堅持己見，還不知變通。就算是法律，多少也有一些變通的餘地吧。」

「我就是這種個性。」

「這種個性造就了不破俊太郎嗎？真傷腦筋啊。」

迫田還是一肚子氣無處發洩的樣子，但也隱約露出些許半放棄的表情。

「慎重起見，我話先說在前面。無論從個人的角度出發，還是從組織防衛的角度出發，我都不希望不破俊太郎這位檢察官遭遇不必要的意外，這是我的真心話。希望你能記住這一點。」

「感謝您。」

不破還是老樣子，實在看不出他有多感念在心。

「總之我給過你忠告了。你已經不是小孩了，我也不想一直追究檢察官的行動。所以一切就交給不破檢察官的自制力了。」

見不破稍微行了一禮，迫田又補了一句意味深長的台詞。

「聰明人會從失敗中記取教訓。在東京受過挫折的你應該不會在大阪犯下同樣的錯誤吧。」

美晴沒有漏聽這句話。

在東京受過挫折——這句話是什麼意思。

也不管美晴的疑惑，不破起身，頭也不回地離開迫田的辦公室。

驀然回頭，只見迫田正以近似憐憫的目光看著他們。

2

迫田不經意脫口而出的一句話在那之後也一直盤踞在美晴的腦海裡。仔細想想，美晴對不破的過去一無所悉。知道的就只有他到大阪地檢赴任後的實績及風評。

檢察官是國家公務員，所以要定期調動。從東京到大阪、或是異動到其他地區是再自然不過的事。只不過，根據移動的方向和赴任地的規模，就存在是升遷還是貶官的區別。那麼，不破從東京調動到大阪地檢的原因是什麼呢？

一旦開始好奇，就很難將疑問逐出腦海。可是身為一個小小的事務官，根本沒有管道打聽頂頭上司的獎懲經歷，而且她與同一層樓的事務官也還不熟。

要怎麼樣才能知道上司的過去呢？雖然內心也出現了和看熱鬧的心態辯論的聲音，但純粹想了解不破這個人的念頭蓋過了一切。

大概沒有比不破更難相處的人了。就連幾乎一整天都陪在他身邊的美晴也沒看過他的表情變化，更遑論笑容。她甚至覺得不破快要比屍體還難親近了。

然而，不破身為檢察官的確有很多值得學習的地方。八木澤孝仁的案子如果全權交給警方處理，大概無法真正被解決吧。幸虧不破獨自調查，才能找出真相。

如果是不破這樣的檢察官，美晴想以事務官的身分好好輔助他，這不是場面話、也不是處世之道。但是為了讓自己協助得更心甘情願一點，她也想盡可能認識不破的過去。

直接問本人是最快的方法了。但想也知道不破肯定會說這種事與她無關、噤口不言。既然如此，美晴決定去拜託仁科。因為如果是自詡為情報收集站的總務部，應該會知道些什麼吧。

「不破檢察官調到大阪地檢的原因嗎？」

依照慣例到吸菸區碰面後，仁科意味深長地喃喃自語，可惜她並未給出美晴期待的答案。

「很遺憾，惣領小姐。這個連我也不知道。」

「仁科課長也不清楚嗎？」

被這麼一問，仁科沉吟了半晌。

「我只知道他之前待在東京地檢。像他那麼有能力的人，既然特地被調來大阪的話，至少要升上三席才合理，但如果是因為闖了什麼禍才被貶來這裡，我們應該也會聽到這方面的消息，可是倒也沒聽說呢。」

「我想也是。」

「不過我也很好奇不破檢察官受過什麼挫折。因為那個人與受挫二字完全連結不起來。惣領小姐，妳調查這件事是想做什麼？該不會打算藉此抓住不破檢察官的弱點吧？」

現在可不是能隨便回答的情況。美晴挺起胸膛回答。

「我只是想了解不破檢察官的為人而已。為了成為檢察官忠實的手腳，我認為應該要了解他的一切。」

仁科盯著她瞧了好一會兒，或許是明白美晴所言並無虛假，她愉快地點點頭。

「我最喜歡惣領小姐這種直搗黃龍的個性了！既然如此，我怎麼能不幫忙呢。」

「感激不盡。」

「我的動機就沒有這麼純正了，純粹是基於好奇心。」

仁科吐了吐舌頭。

「我對那張能面底下究竟隱藏了什麼樣的真面目很感興趣喔。嗯，不過請不要抱太大的期待。」

雖然她要自己別太過期待，但美晴早已見識過仁科的順風耳。由她出馬肯定能有什麼收穫吧，所以美晴耐心地等待她的好消息。

然而，就連仁科似乎也很難得到外地的情報。過了三天，仁科才把美晴找去她的辦公室。

原本都在走廊或吸菸室討論，這還是美晴第一次被叫去仁科的辦公室。

「因為這種事一定要在密室裡談。」

仁科是這麼解釋的。也就是說，她不希望這件事傳入其他同樣在地檢工作的人耳中。

「我有個一起參加研習的同梯在東京地檢。好不容易才從他口中問出一點內幕。聽說這件事在東京地檢那邊也只有極少數的人才知道。」

「下了封口令嗎？」

「嗯。跟那個差不多。不過已經是很久以前的事，早已過了時效，所以對方才願意告訴我的。」

仁科的語氣不像平常那麼乾脆。

「聽起來好像很嚴重。如果不方便的話，那我……」

「等等，愢領小姐，妳這樣不行喔。這件事可是妳起的頭，必須負起責任聽到最後。」

「……好的。」

美晴做好心理準備，在仁科的對面坐下。

仁科所打聽到的，就是以下的資訊。

當年，不破俊太郎還是東京地檢的新手檢察官，承辦的案件當中有一起ＤＶ（Domestic Violence，家庭暴力）案。被害人為喜多島加奈子，二十三歲，派遣員工，這名女性指控同居人高橋勝次對自己施暴。

如同家暴案常見的場景，當加奈子在深夜衝進足立署時，衣衫單薄、披頭散髮，臉上還留下了被毆打的紅腫痕跡。

特別值得一提的是，那個姓高橋的男人因為涉嫌違反麻醉藥物及精神藥物取締法，正受到足立署的行動分隊監視。警方懷疑高橋是藥頭，只要能順利讓他供出一切，就能一舉破獲販賣管道。

然而，轄區尚未蒐集到足以逮捕高橋的證據，高橋就因為對加奈子的傷害罪被捕，足立署生活安全係因此喧騰不已。做夢也沒想到能以別的罪名逮捕高橋，只要能在偵訊過程中取得販賣毒品的口供，就能立刻將毒品販售供應鏈一網打盡。

被選為檢察官調查人選的就是不破。這也表示當時以一介年輕氣盛的新手顯露頭角的不破受到了很大的期待。而不破本人似乎也幹勁十足，一心想回應周圍的期許。

可是高橋比不破大了五歲，對於長年在地下社會打滾的人來說，缺乏經驗的年輕檢察官根本不是他的對手。

不僅缺乏經驗，當時的不破也還沒學會老奸巨猾。他把怒氣都寫在臉上、不甘心的時候就會咬指甲、一旦被自己說中了還會忍俊不禁。換言之，就是個有任何情緒就會立刻表現出來的人。但這樣的率直在偵訊時只會帶來反效果。最後他不但被高橋看破了手腳、還被玩弄於股掌之間。

這時，被拘留的高橋內心還存在一個目的。加奈子從家裡逃出來之後，暫時接受足立署的保護，在高橋被捕後好像就去投靠朋友了。加奈子的證詞不僅會要了高橋的命，高橋更怕她會提到毒品買賣的事實。最糟糕的情況，就是如果她供出自己知道的一切，警方很可能會順藤摸瓜、把跟高橋有所關聯的人一網成擒。不過在那個時間點，高橋仍對加奈子的下落毫無頭緒。

因此高橋心生一計，他打算假裝配合應訊，再從不破的口中套出他需要的情報。

一個是騙人跟吃飯睡覺一樣簡單、老江湖的惡徒；一個是血氣方剛、不會隱藏情緒的年輕檢察官，打從一開始就勝負已定了。偵訊過程中，不破被對方煽動、動搖情感、甚至是誘導，然後說出了不該說的話。被高橋指出矛盾之處後，就更加不知所措了，以致醜態百出，最後根本不曉得是誰在審問誰了。

高橋狡獪的地方，就在於他在不破自己都沒有自覺的情況下問出加奈子的所在地，並且通知了人在外面的同伴。接受完檢察官訊問的高橋回到足立署之後，過沒多久就有個自稱是他母親的老婦人前來探視。足立署依規定給他們二十分鐘的時間會面，但那名老婦人根本不是高橋的母親，而是為組織工作的人。

一知道加奈子的去向，他們的動作十分迅速。或許是因為抓到高橋的關係，搜查員的監視也因此鬆懈了，於是組織的人不費吹灰之力就綁走了加奈子。

加奈子被綁架的四天後，在荒川的河床邊發現了她慘不忍睹的遺體。這麼一來，要追查毒品來源已經希望渺茫了。另一方面，無法取得被害者本人的證詞，自然也無法依傷害罪起訴高橋。

這是不破與東京地檢的慘敗。其中又以不破最為沮喪。參加加奈子的告別式時，聽說他在加奈子的遺照前一動也不動地站了三十分鐘。

認識不破的人都說他從那一刻起就彷彿變了個人。從加奈子的告別式結束後開始，不破就變得寡言少語，表情也變得極度匱乏。有人覺得他陷入了自我厭惡的漩渦、有人認為這是為了不被別人讀出情緒的苦肉計。但不管怎麼說，這件事都讓東京地檢與足立署顏面盡失，不破也因為隔年的人事異動被踢到大阪地檢。無從判斷這是上頭給他的冷靜期還是修練期，但任誰都能看出這次異動絕不是什麼榮升。

「……事情的經過就是這樣。不光是不破檢察官，這對東京地檢和足立署而言都是有傷體面的問題，所以大家的口風好像都很緊。」

聽完這番話，美晴一時半刻都無法起身。試想一下，因為自己的失誤、眼睜睜地看到一個證人因此遇害，這會多麼令人悔恨。

承受不了。她感受到了排山倒海而來的沉重責任與幾乎要壓垮自己的恐懼。肯定會每次想起喜多島加奈子的名字和長相，都會因此畏縮、什麼事也做不了。

「諷刺的是，在那起失敗之後，不破檢察官就開始攻無不克、戰無不勝。雖說是連戰皆捷，但是他本人一定很痛苦吧。似乎也是從那個時候開始，不破就被人們稱為能面檢察官了。」

美晴默默地聽仁科說明。

『對方會觀察審訊者的表情，藉此判斷我們的洞察力與心中所想。妳認為什麼都寫在臉上的人能勝任這份工作嗎？』

美晴想起第一次見面的時候，不破對她說過的話。那句話除了是對美晴的告誡，或許同時也是對自己的告誡也說不定。

「真是令人難受的往事。」

仁科一臉疲憊地喃喃自語。

「檢察官和檢察事務官的工作是起訴嫌疑人，所以不太有機會目睹案發後才發生的悲劇。而不破檢察官卻親手製造出了這樣的悲劇。也難怪他會一改昔日的作風，之所以會戴上能面，也是因為這個原因。那張能面代表的或許正是不破檢察官贖罪的意念吧。」

離開仁科的辦公室，美晴覺得兩條腿重得不得了。接下來要回不破的辦公室，但是她也不知道現在該怎麼面對他才好。要是自己也能戴上能面就好了。

先前想知道不破到底遭遇過什麼樣的挫折時，怎麼也沒想到會是這麼嚴重的事。美晴對自己把事情想得太簡單、以自我中心的心態去探聽他人隱私的行為感到相當慚愧。每個人都有不想被別人觸碰的過去，加奈子的死，或許就是不破不想被人探究的過往。

自己竟然一腳踩進了不破的內心世界。

走進辦公室，不破還是老樣子、面無表情地迎接她。

「回來晚了。」

「我去了仁科總務課長的辦公室一趟。」

不破只應了一句「這樣啊」，就沒有繼續問下去了。美晴還下定必死的決心，倘若不破問起的話，就要一五一十地告訴他。但不破顯然一點興趣也沒有。

不破將文件塞進公事包後，瞥了她一眼。

「我要去府警本部。」

3

不破帶著美晴前往大阪府警本部位於大手前的廳舍。

搜查資料大量遺失事件的處分在下個月才會正式宣布，但當事人應該都已經收到通知了。也就是說，收到處分的當事人還待在原本的工作崗位上，但不破就要這麼大搖大擺地走進去，這讓美晴不由得膽戰心驚。更何況府警本部的柳谷府警本部長已經接到停職一個月的命令。停職一個月，意味著實質上的離職逼退，大部分的人應該都會辭職。

雖說柳谷府警本部長本來就該引咎辭職，但也不難想像群龍無首的府警本部會有多麼懊惱與混亂。造成這場風暴的始作俑者居然選在這時候自投羅網，先前迫田「深入敵營」的形容真的再貼切不過了。美晴的緊張感也近乎到達了極限。

不破跑來這裡到底要查什麼呢？美晴還在強忍住內心隱隱作痛的不安，不破就在一樓櫃台提出了令人跌破眼鏡的要求。

「我想見資料室的管理負責人。」

聽到這句話，櫃台女警也愣住了，目不轉睛地盯著不破。從她的表情可以看出，她已經知道不破為府警本部帶來的災難了。

就連站在不破身旁的美晴都覺得這實在太不識相，更何況是受到重創的府警本部的人。一聽到不破來訪的目的，女警立刻對不破投以輕蔑的視線。

「請稍等一下。」

美晴從來就不知道這句畢恭畢敬的話可以暗藏如此強烈的惡意，她已經做好要比西成署那時等上更久的心理準備了。不，或許還要有如果只是等待就算幸運的覺悟。搞不好會被帶到訓練道場，假練習之名對他們進行集體霸凌。

然而撥打內線電話尋人的女警臉上逐漸露出不可思議的表情。

「咦，在部長之前嗎……好……好的，我明白了。」

再次面向不破的臉上寫滿了不可置信。

「資料室的管理負責人是刑事部長，但是在那之前，本部長想要先跟不破檢察官見個面。」

美晴的不安擴大了。柳谷府警本部長可是這次的肅清行動中最大的被害人。被害人說他想要見不破這個加害人，感覺不破應該很難全身而退。

但不破一點也沒把美晴的擔憂放在心上。

「我知道了。請問該怎麼走呢？」

怎麼也不能讓不破他們自己去府警本部長的辦公室，所以櫃台的女警便幫他們帶路。實際上，接下來的路途中遍布著荊棘，認得不破的員警們全都惡狠狠地瞪著他。其中甚至還有人故意大聲嘖舌。

「這邊請。」

還沒走進去，嚴肅的氣氛就迎面而來。前往自家的檢察長辦公室時，美晴的心臟也跳得飛快，如今是深入敵軍的大本營，美晴幾乎快要不能呼吸了。

看了不破一眼，這個人的表情還像平常那樣處之泰然，這次美晴真的很想破口大罵。稍微表現得老實一點人家才比較能接受啊。

「打擾了。」

推開門，辦公室裡只有柳谷一個人。他的椅子轉向窗戶、視線看著外頭。

接著，他慢慢地轉回兩人這邊。

「請進，不破檢察官。來，這邊坐。」

「那我就恭敬不如從命了。」

當然坐下的只有不破，美晴有如背後靈般站在他身後。平常總覺得站在他背後有股說不出的古怪，唯獨今天另當別論。因為這比起坐在柳谷的正前方輕鬆不知道多少倍。

「不好意思啊，突然說要見你，耽誤檢察官寶貴的時間了。」

「不會。」

「你今天到府警本部來，是要進行最後的調查嗎？」

「只是其中之一。我已經拜訪過六十五個轄區，卻還沒來過府警本部。」

柳谷的眼神露骨地顯現出責難。

「事到如今，你還要來刨根究底、揭開大阪府警的瘡疤嗎？」

「不是的。只是光調查轄區警署、不調查府警本部有違我的作風，除此之外並沒有其他的意思。」

「作風……是嗎。」

柳谷的語氣帶著不甘。

「所以府警本部是被你的作風搞到這步田地嗎……啊，我不是在諷刺你。」

這句話如果不是諷刺，那什麼才算是諷刺呢。

然而不破四兩撥千金地回答。

「我從來就沒有敵視過府警本部。只是在調查的時候發現有很多難以釋懷的地方，所以就深入追查了一下。」

「你的意思是說，你無意揭露府警本部的過失嗎？」

「我的工作只有判斷要不要起訴送檢的案件，對其他的事都沒興趣。」

「就連府警本部有史以來最嚴重的醜聞也不感興趣嗎？這也讓人有點失落呢。」

柳谷自嘲似地一笑。倘若他已經決定辭職，那麼從語氣就能聽出他對這個老東家仍有深深的眷戀。

「可是檢察官，搜查資料大量遺失一事已經鬧得街知巷聞，除此之外你還有什麼必須調查的嗎？」

「我已經說過好幾次了，我是來調查已經送檢的案件，與府警本部沒有直接的關聯。」

「這樣啊。可是你真的一點都沒有猶豫嗎？在肅清的風暴肆虐的當下蒞臨其中的根據地，感覺如何？」

「沒什麼特別的。」

「沒什麼特別啊。你真的很能惹惱別人呢。啊，這句話是在讚美你喔。比起只會講一些社交場面話的人，像你這種從頭到尾都只說真心話的人還更值得信賴。你在大阪地檢肯定也很受信賴吧。」

「真是不好意思，我對這種事也沒興趣。」

「一般來說受到信賴都會覺得很開心吧。」

「我並不為了獲得信賴而工作的。」

「……在檢察長的辦公室見到你的時候，我就覺得這個人似乎還沒有沾染上組織的習性。原來如此，這種人確實會不顧一切、不留情面地掀開別人的遮羞布。或許對一度名聲掃地的大阪地檢而言，你正是不可或缺的人才呢。」

美晴收回先前的感想。

什麼對老東家的眷戀。這個男人說穿了只是想當著不破的面，表達他對不破逼得自己丟官的怨恨嘛。

美晴真想立刻結束這場對談，但不破卻連眉頭也不皺一下，任由柳谷發洩。

「你待會要去資料室吧。」

「我正是為此而來。」

「你去到現場就知道了。搜查資料堆成那樣，有東西遺失也是必然的結果。監察官室和社會大眾都在追究我們的責任，但是在預算及人手都極為有限的情況下，要完美無缺地執行所有的業務簡直比登天還難。」

明明是自己指導能力不足，別把責任轉嫁到別人頭上──美晴心想。要說預算跟人手捉襟見肘的話，地檢的情況也是一樣的。就連現在只不過是區區一介檢察事務官的美晴，工作都已經多到即便加班也無法完全消化的程度了。不，不只是檢察廳，只要是政府機關的大樓通常到了深夜都還是燈火通明。預算及人手缺一不可，但是出紕漏的部門、不會出紕漏的部門都是存在的，這不就差在組織領導者的能力嗎？也正是因為如此，每當有醜聞發生的時候，領導者才要負起責任不是嗎？

柳谷的說詞之所以令美晴怒火中燒，無非是因為他逃避自己身為首席領導者的責任，選擇明哲保身。

此刻美晴才注意到一件事。

從這個角度來看，不破非常清廉。他總是單槍匹馬去搜查，有時候也會借助美晴或其他事務官的力量，但是對他而言，其他人的幫忙恐怕都只是錦上添花。所有的判斷、指揮以及結論都由他自己一肩扛起，所以責任也全在他自己身上。之所以在次席和檢察長面前一步都不退讓，也是因為只有自身信念是他唯一要保護的東西。

「負責管理的刑事部長應該會仔細向你報告府警本部資料室的實際情況。」

「感激不盡。」

「包括我在內，府警本部有好幾個人要接受處分。但我們並不是會因此就心存怨恨、拒絕協助調查的心胸狹窄之人，你大可放心。」

「非常感謝您大人有大量。」

「少說這些言不由衷的話了。你可不是那種會被別人的想法及吹捧、惡意或善意所影響的人。看過你對迫田檢察長的互動我就明白了，你是個非常難相處的角色。」

「關於別人怎麼看待我、又要怎麼跟我相處，我都沒有興趣。」

無論對方再怎麼出言諷刺，始終都不痛不癢。面對這樣的不破，反而是柳谷逐漸失去耐性，語氣益發激動。

「你一直都像這樣面無表情嗎？你以為只要不跟任何人接觸交流，不管待在什麼組織裡都能隨心所欲嗎？」

「只要不是反社會組織，檢察官也不至於漫無目的地揭發組織的黑暗面。而且檢察官是獨立的司法機關，所有的方針及做法都是由每個檢察官自己決定的。」

「不覺得這樣很傲慢嗎？你太過於堅持自己的做法及決定，導致七十六名警官受到處分。他們並沒有做出任何違法亂紀的行為，工作態度也沒有不認真。大家都是勤勤懇懇、對犯罪深惡痛絕、堂堂正正的警察。原本應該受到表揚的警察，卻因為你緊抱著不放的做風還是啥的、成為人人喊打的對象。關於這一點，你都沒有任何罪惡感嗎？」

語尾微微顫抖。

「我是無所謂。身為府警本部長，我難辭其咎。我也認為下台以示負責是本部長的任務。但是其他接受處分的警官不一樣，他們沒必要扛起這過重的責任、也不該為這種雞毛蒜皮的小事葬送前途。你採取行動的時候，可有想過會給他們帶來多大的困擾？」

沒必要為這種雞毛蒜皮的小事扛起過重的責任？

美晴不只是氣憤，還開始感到鬱悶了。他竟然表示搞丟了兩百零五件搜查資料只是雞毛蒜皮的小事？害許多犯罪無法立案也無法起訴、有許多被害人將因此被失望與恐懼襲擊，他竟然認為這是過重的責任？

這個男人究竟在說什麼啊。迫田說過柳谷很為部下著想，但換個說法好了，難道不是他只考慮到組織的存續、不重視本來的職務嗎？

美晴發現自己重新看到引發這次醜聞的原因了。

不是預算和人手不足的問題，也跟資料室的存放空間無關。遺失搜查資料最主要的原因，在於所有的相關人士都只顧著內部。上司與部下、不足的預算與使用空間不良的設施、乃至於闖下大禍後的推諉卸責，這些全都是只顧慮內部，完全都沒有考慮到犯行的被害人。當然，並不是所有的警官都是如此，但說是負責領導府警本部的柳谷本人的資質招致了搜查資料遺失的惡果，也不為過。從這個角度來說，柳谷難辭其咎，這句話確實說得再正確不過。

「府警本部長，不好意思，請容我再重複一遍，我一點也不想知道自己的工作會給誰帶來什麼樣的影響。如果府警本部長認為這是傲慢的態度，那我也無可奈何。」

不破說完後便起身。

「我也不想再耽誤府警本部長的寶貴時間。差不多可以請刑事部長過來了吧？」

「不想聽即將赴死之人強顏歡笑的悲歌嗎？」

「不要對我的搜查進行任何的妨礙，就是將這件事交由府警本部長您來發表的條件。我想您應該沒有忘記吧。」

柳谷以像是要射殺對方的凌厲目光瞪著不破。

「答應過的事我不會反悔。我還沒墮落到那種地步。」

柳谷咬牙切齒地說完，就拿起桌上的電話撥通內線。

「內村部長嗎？是我。我們剛談完，接下來就交給你了。」

掛斷電話，柳谷瞥了不破一眼，又把椅子轉向、看向窗外的景色。當著自己找來的訪客面前，這樣的態度實在無禮至極，但一想到這是柳谷最後的抵抗，又令人有些憐憫。

前後不到兩分鐘，就聽到了敲門的聲音。一個四十多歲、長相精悍的男人走了進來。

「內村部長，不破檢察官想參觀資料室，麻煩你帶路。」

「好的。」內村簡短地回答後便領著不破走出辦公室。

「告辭了。」

柳谷對不破臨走前的道別沒有任何反應。

「不破檢察官，你是第一次來府警本部的資料室嗎？」

「是的。」

「那裡原本就是禁止閒雜人等進入的場所，所以要說當然也是理所當然的。那你也不知道我是資料室的管理人吧？」

「是的。」

「我想也是。要是知道的話，以不破檢察官的作風應該會直接跳過與府警本部長見面、直接找上我吧。你就是這樣的人呢。」

從這句話聽來，他們好像不是第一次見面。

「檢察官來資料室有什麼事？」

「我想確認一下目前的狀況和用途。跟轄區聯手偵辦的時候，搜查資料都放在哪裡？怎麼處理？」

「大阪在地的電視台才剛問過我同樣的問題。」

內村以疲憊的語氣回答。

「不破檢察官曾幾何時也變得會跟媒體提出一樣的質問啦。哎呀抱歉，我失言了。」

「我對六十五個轄區都問過同樣的問題。」

「所以也要來府警本部確認嗎？在我們被肅清人事與媒體訪問申請搞到人仰馬翻的時候？不愧是不破檢察官。完全不考慮對方的狀況呢。」

「內村部長辦案時會考慮到嫌疑人的狀況嗎？」

「……原來在不破檢察官眼中，府警本部跟嫌疑人沒兩樣啊。」

對話的內容一下子就變得劍拔弩張。不破的措辭明明可以再謹慎一點，卻跟平常一樣，毫不留情地直話直說。簡直就像是來找因為受了重傷而住院的病人討債的債主。

不過，不破本人或許沒有意識到這個問題吧。無論內村說得再難聽，聽在他的耳朵裡也不痛不癢。

「在同為搜查對象這一點上，嫌疑人與府警本部並無差異。不必要的成見或先入為主的印象反而會影響判斷力。」

沒多久後，三人就來到了資料室前。建築物整體還算新，光看門口也還算整潔，絲毫沒有雜亂無章的感覺。

往一旁看過去，隔壁就是機械室。或許是意識到美晴的視線，內村有些自暴自棄地說明。

「府警本部長或許已經向二位說明過了，因為資料室空間接近飽和，有一部分的搜查資料就堆放在那間機械室的角落。原本只是暫時借放在機械室，不知不覺卻變成常態了。」

「部長是什麼時候知道這件事的？」

「我實在太忙了。雖說是管理人，但我只負責在部下需要進入資料室的時候予以批准。你們該不會以為我是從早到晚都守在門口吧？」

內村也沒比柳谷好到哪裡去，開口閉口都是推卸責任的藉口。雖說早有預感，還是感覺如坐針氈。

「或許不及不破檢察官的萬分之一，但我也有其他的工作。當然，我承認自己在管理責任方面確實有疏失，但還是希望你能稍微體諒我們這邊的情況。」

「可以麻煩您開門嗎？」

從不破的言詞中聽不出一絲情緒。

「直接看比較快。」

為什麼他說話總是這麼直接呢——美晴萌生了想把不破推到一旁的衝動，當然就只是想想而已，沒敢真的付諸行動。因為她至今已經因為衝動被不破罵過好幾次了。

內村默默地將內嵌ＩＣ晶片的識別證貼近門旁邊的讀卡機。伴隨著輕快的電子音，門打開了。內村領著他們走進去。

進入資料室後，美晴啞然失語。

西成署的資料室已經夠雜亂無章了。假如那裡是搜查資料的樹林，這裡的狀態只能用森林來形容。所有的櫃子和桌子堆滿了一層層的紙箱、形成一堵又一堵的牆。只能勉強讓一個人通過。

「府警本部長開完記者會後，立刻把原本放在機械室的紙箱全部塞進資料室裡，結果就變成這樣了。」

即使是自嘲的語氣也能聽出其中的憤恨不平。

「原本是必須要定期進行保管資料的核對作業的，但每個搜查員分配到的案件實在太多了。在完成例行工作的同時還要兼顧資料的整理，事實上根本是不可能辦到的制度。」

「與轄區共同偵辦的時候，搜查資料也都是送來這裡嗎？」

「有太多東西需要鑑定了。所以物證都送來這裡，搜查本部只會收到鑑定報告。說穿了，這裡是搜查資料的終點站。」

不破望向紙箱堆成的高牆。依舊無法得知他在思考什麼的眼神，只能窺見宛如學者般的冷靜。

「接著請讓我看一下機械室。」

「剛才我也說過了，府警本部長開完記者會之後，機械室就全部收拾乾淨了，現在什麼也沒有喔。」

「請讓我看一下機械室。」

內村撇了撇嘴角，一語不發地轉身。嘴裡大概正把牙關咬得死緊。

一行人走出資料室，站在機械室前。因為這裡沒有讀卡機，可見不是電子鎖。即使站在門外，還是能聽見裡頭傳來像是空調的室外機之類的運轉聲。

「機械室的門用的是傳統鎖。因為業者會來維修或交換零件，所以比起嚴謹、這裡還比較重視簡便性。沒想到這次就是栽在方便之上。」

「鑰匙由誰保管？」

「沒有特定由誰保管。每次業者來的時候都必須打開機械室，所以鑰匙一向放在固定的地方，並非特定由哪個部門專門負責保管。」

講到這裡，饒是內村也有些難以啟齒。說明很仔細，但重點就是不光是警署的人，連出入這裡的業者都能輕易進去。隨便把紙箱放在這種地方，會不見也是可以想見的結果。

「府警本部也不是就堆著不管。從清潔人員到空調業者、葬儀社、醫院、法醫學教室的相關人員、快遞業者、郵局的集貨人員、乃至於外送便當業者，我們都會確認有沒有人把紙箱帶出去。」

聽起來之所以像是辯解，大概是因為就連說出這段話的內村本人也知道這麼做一點用也沒有。如果只有幾天就算了，問題是經年累月都處於無人聞問的擱置狀態。人的記憶力有限，而且萬一有人不小心把搜查資料帶出去、甚至處理掉的話，應該沒有幾個人會承認吧。如果有心管理早就管理了，如今這一切都只是馬後砲。

「你一定覺得府警本部的安全管理做得漏洞百出吧，但是以現有的人力要將這麼大的設施從裡到外管理得滴水不漏，無疑是癡人說夢話。」

為了替自己辯護，根本沒人問他、他卻自顧自地說個不停。美晴默默聽著，不禁也對內村產生了惻隱之心，就像是剛才同情柳谷那樣。

「我不清楚不破檢察官怎麼想，第一線的刑警每天都奔走到磨平鞋底、身心俱疲。辦案時不僅要犧牲私人時間，還得對抗人民的漠不關心與媒體的過度關心。大家都是熱心打擊惡徒的好警察，在犯罪率這麼高的地區能做到這樣真的很不容易。如今卻因為你的一時興起而毀了這一切。」

內村看不破的眼神有些不尋常，美晴忍不住想擋在兩人中間。

但不破出手制止她。

「府警本部與轄區加起來共有四十二個警署、總計七十六人受到處分。這全都是由你一個人引起的。我知道這是我們罪有應得，但光靠大道理無法打動人心。檢察官大概沒讓人看見過你怒不可抑、悔恨不已的樣子吧，但不是每個人都像你這樣。表面上或許看不出來，但肯定有人因為這次的處分看你不順眼。」

「各位警官要怎麼看我，那是各位的自由。」

「既然如此，那我就實話實說了。其實我也是受到處分的其中一人，下次的人事異動不只是降級，還要被分配到轄區警署去。」

破罐子破摔的口吻聽起來實在很慘。如果他從以前就認識不破了，或許會更難以釋懷吧。

「你倒好了。成了獨自揭露大阪府隱蔽醜聞的英雄。成了只要有人敢做壞事，不管是嫌疑人還是警察都不放過的清廉檢察官，不僅在地檢內混得風生水起，還能接受市民的喝采。可是你別忘了，那是你站在七十六具屍體上才得到的榮譽。」

貌似想說的話皆已一吐為快，內村臉上沒有一絲迷茫。或許已經做好視不破的回答、可能會與他大打出手的心理準備。

但美晴可以想像，不破這個男人絕對不會因為對方的情況而改變態度。

果不其然，不破以不帶半點溫度的語氣回答。

「不好意思，我不覺得那種東西算是榮譽。」

4

不破接下來要去的地方是枚方市。

「去枚方做什麼？」

「去了就知道了。」

不破邊說邊依照輸入目的地的車用導航指示開車，美晴很快就知道目的地是哪裡了。

枚方市朝日丘町。林立著新舊建築物的集合住宅區域之中，分布著常見的低矮住宅。導航標示的地方就是其中一棟低層住宅。門牌上寫著「須磨」，看來是谷田貝案被害人須磨菜摘的老家。

歷經風吹雨打的門鈴對講機四角皆已剝落，讓人懷疑是否還能發揮原本的功能。所幸不破按下門鈴時，屋內確實響起了鈴聲。

『請問是哪位？』

傳來了與門鈴對講機同樣顯露疲憊的聲音。不破告知身分後，有個中年婦女從門縫露出半張臉。

「我女兒的命案有什麼進展嗎？」

這位中年婦女似乎就是菜摘的母親照子。表情有如槁木死灰，脂粉未施的臉看起來比實際年齡蒼老許多。

「目前正在重新偵辦。如果可以的話想要請教您幾個問題。」

「你說你是大阪地檢的檢察官？」

「除了警察以外，檢察官也會進行這類調查。」

不破的能面這時候通常能發揮最大的作用。面無表情，也不虛應故事地陪笑，看在被害人家屬眼中不啻於認真辦案的代名詞。

「……我先生去上班了，還沒回來，不嫌棄的話，請先進來坐。」

房子本身已經很老舊了，再加上室內充滿痛失愛女的哀傷，感覺空氣幾乎停滯不動。不破與美晴被帶到了客廳，這裡擺著菜摘的遺照，令人感到侷促不安。

再怎麼不諳世故，不破也不是毫無禮法之人。他對著照片中的菜摘雙手合十，美晴也跟著合掌。

「聽說谷田貝不是犯人？」

沒有抑揚頓挫的語氣同時帶有憎恨與失落。

「還以為警察終於為菜摘討回公道了……事情怎麼會變成這樣？」

谷田貝有不在場證明、當場獲釋的事已然見諸報端。媒體雖然推崇檢察官的辦事能力，命案卻也因此回歸原點。女兒慘遭殺害，好不容易抓到了兇手，還以為一切就要塵埃落定時才發現抓錯人了，這對家屬而言簡直是雙重打擊。照子憔悴的神情訴說了這一切。

不破在不洩漏搜查情報的範圍內說明來龍去脈。聽到證物遺失與不在場證明成立時，照子臉上浮現出憤怒的神色。

「我已經從電視新聞知道有很多搜查資料搞丟的事，沒想到菜摘的案子居然也是其中之一……」

「據我所知，西成署與府警本部將再度成立搜查本部，重新展開調查。」

「可是事件是發生在四月喔，都已經過了一個月，到現在才要重新調查。除非犯人真的蠢到家，否則早就逃之夭夭了。」

雖然是搜查本部的過失，但美晴也覺得難辭其咎。抓錯人這種事換個說法，就代表一開始就搞錯偵辦方向，而且那段時期的搜查等於是處在中斷狀態。案發至今一個月都沒有好好調查的話，證據早就不知散失到哪裡去了、目擊者的記憶也會逐漸淡去。而且谷田貝案最棘手的部分在於因為搜查本部的失誤，兩箱證物竟然弄丟了一半。照子會生氣也是人之常情。

「今天前來打擾正是為了這件事。」

不為所動地承受照子的怒氣後，不破輕描淡寫地直搗黃龍。

「本來不會這麼進行的，但這次身為承辦檢察官的我也會加入重啟調查。」

哪有什麼本來不本來的，這次會重啟調查原本就是不破依循自己的作風一意孤行下的結果。但是看在照子眼裡，似乎認為警察和檢察官都賭上尊嚴要為他們伸張正義。

不知是否正中不破下懷，但照子總算百般不情願地同意協助調查。

「菜摘小姐一個人在外面租房子，是否跟家裡提過自己被跟蹤狂纏上的事？」

「……她是有說過最近好像被什麼人盯上了。」

照子訥訥地話說從頭。

「大概是去年年底吧，菜摘說她常去的居家用品店有個店員經常纏著她不放，向她示好，讓她感到非常苦惱。我告訴她近年來跟蹤狂引起的重大刑案愈來愈多，勸她向警察報案，但菜摘說這種事還不需要驚動到警察，所以我就讓她自己處理了。沒想到結果竟然變成這樣，我真是後悔莫及。」

「她從今年一月開始與楠葉先生同居，菜摘小姐也提過這件事嗎？」

「那孩子過年期間回來過一趟，但是關於同居的事，她一個字也沒提。到了二月，我問她那個居家用品店的人怎樣了，她說她找了保鑣，要我們不用擔心。我問她那個保鑣是誰，她才說出楠葉先生的名字。」

這番話聽在與菜摘年紀相仿的美晴耳中只有點頭的份。如果是過去的時代，父母大多會對到了適婚年齡的女兒嘮叨個不停，所以女兒通常不會對雙親多說些什麼。萬一不小心說溜嘴講出了同居的事，父母肯定會打破砂鍋問到底、要她鉅細靡遺地交代對方的年收入、個性、家世背景什麼的。這實在很煩人，所以無論如何都要守口如瓶。

「菜摘是獨生女，我這個做母親的當然會在意。問她對方是什麼樣的人，她說楠葉先生身家清白、有正當職業，所以我也就放心了。我還跟我先生說，同居幾個月後，這孩子應該就會把人帶到家裡來了，沒想到連楠葉先生也遭遇不測……」

「所以二位都還沒見過楠葉先生嗎？」

「對。」

「菜摘小姐還提過什麼關於楠葉先生的事嗎？例如個性或交友關係之類的。」

「她說楠葉先生乍看之下有些輕浮，其實人很好，長得也俊俏。不過我猜大概是情人眼中出西施，所以聽到一半就覺得有些好笑。但現在回想起來，那時候大概是菜摘最幸福的時刻吧。」

真的是這樣嗎？美晴深感懷疑。說到兩人開始同居的時刻，剛好是谷田貝對她的跟蹤騷擾行徑愈來愈惡質的時候。事實上，谷田貝為了當面與菜摘談判，曾跑去「Grancasale 岸里」好幾次。之所以沒遇到楠葉、演變成暴力衝突，完全是運氣好。會不會其實菜摘每天的心情都在恐懼與鬆了一口氣之間游移浮動，根本就不是母親所想像的那樣呢？

「除了有不在場證明的谷田貝，還有其他人對菜摘小姐懷恨在心嗎？」

照子低著頭，想了好一會兒。仔細想想，自從跟蹤狂谷田貝成為搜查對象，搜查本部就視他為頭號嫌疑犯，將其逮捕、送檢。就算還有其他的可疑人物，當時應該也已經停止調查了。

不破打算從中斷的部分重新展開調查，試圖奪回搜查本部浪費的寶貴時間。

美晴屏息等待照子開口。希望能從母親的口中得到新的嫌犯線索的期待感也逐漸在擴張。

然而期待落空了。「我沒有印象。」照子搖搖頭，一臉怎麼也想不起來的樣子。

「那孩子在岸里的醫院從事醫療行政工作，職場上的男性基本上都是醫生。我勸她乾脆找個年輕醫生、飛上枝頭當鳳凰，她卻斬釘截鐵地說：『醫生對護理師或是從事醫療行政工作的女性只會當成玩玩的對象，絕對不會當成結婚對象的。』同事都是女性，上班時間又長，所以她常怨嘆根本沒機會遇到好男人。別看她那個樣子，原本就不是什麼異性關係複雜的孩子、也不太跟別人打交道，所以我從沒聽過她惹出什麼麻煩。」

既然如此，在常去的居家用品店被谷田貝纏上，只能說是不幸中的大不幸了吧。利用長時間工作的空檔去逛居家用品店，遇到的男人竟然是個跟蹤狂，上天也太喜歡惡作劇了。

「經過調查，我們得知谷田貝的跟蹤騷擾行徑愈來愈嚴重。但是菜摘小姐一月才開始跟楠葉先生同居，在那之前為什麼都不找警察商量呢？」

「那孩子不太相信警察。」

「以前發生過什麼不愉快的事嗎？」

「中學的時候，那孩子在上學的電車裡遇到了色狼。」

照子似乎是回憶起當時的光景，眉頭深鎖。

「這件事跟她討厭警察有什麼關聯嗎？」

「那孩子鼓起勇氣大喊『這個人是色狼』。那個色狼雖然一直說不關他的事，卻也不得不跟菜摘一起到站長室去。兩人的說法南轅北轍，最後雙雙被帶去警察署。那孩子大概以為這下子可以放心了，因為警察一定會站在被害人這邊，沒想到接下來才是惡夢的開始。」

「發生了什麼事？」

「被抓的色狼好像是哪個警察署長的兒子，結果馬上就被釋放了。警方反而回過頭來質問菜摘是不是為了詐騙和解金才故意宣稱自己被騷擾的……那個時候剛好發生了利用自己的女友去誣陷別人是色狼的案例，所以警察才會質問菜摘是不是也如法炮製。那天晚上，菜摘回家後哭得可慘了。從此以後，那孩子就不再信任警察了。」

聽到這裡，美晴不自覺地握緊了拳頭。原來發生過這樣的事，這麼一來，她完全能理解被害人即使受到跟蹤騷擾也不願報警的原因了。

「結果那孩子等於被警方背叛了兩次。第一次是中學的時候，第二次就是這次。」

照子一臉怨恨地凝視著不破。

「還有這次遺失搜查資料的事件，府警本部發現這件事之後，原本是打算壓下來的吧。就跟那孩子遇到色狼的時候一模一樣。我說檢察官先生，警方為什麼只顧著包庇自己人，卻不願意保護我們這些平民老百姓呢？為什麼要放縱做壞事的人呢？」

「我想是因為他們看不見。」

不破由始至終都沒有逃避照子的視線。

「我想天底下應該沒有不嫉惡如仇的警察。但是人一旦成群結黨，就會被組織的邏輯給束縛住。只要置身於充滿向心力的組織，就會在保護同伴與保護自己之間畫上等號。結果因為太專注於窺探彼此的臉色，反而變得無法看見真正應該要被守護的人。這是我的感受。」

「可是檢察體系不也是有很多個檢察官嗎？」

「不知道該說是幸還是不幸，我都是一個人獨自進行。所以不需要顧慮同事的情況，也不需要考慮到警方的面子。」

離開須磨家後，不破說接著要去門真市一趟。不破輸入導航的地址是門真市岸和田一丁目。第一個目的地是菜摘的老家，那麼第二個目的地大致也可以想像得到了。

「是楠葉峰隆的老家嗎？」

「沒錯。」

不破簡單扼要地回答後便踩下油門，示意他已經沒什麼話要說了。

抵達目的地時，太陽已經開始西斜。

楠葉的老家坐落於民宅與各種小商店鱗次櫛比的地區，是一棟夾在貌似從昭和時代就開到現在的藥房與肉鋪間的平房。

這裡沒有掛門牌，只在某家新開幕的店贈送的塑膠信箱上以醜陋的字寫著「楠葉」二字。也找不到門鈴和對講機，所以他們只好直接敲打格子狀的拉門。

不破邊敲門邊喊名字，敲到第五下的時候終於有人回答了。

「吵死了，到底要敲幾次啊。等一下啦，我馬上開門。」

聲音又大又粗魯，嚇得美晴往後退了一步。

「到底是誰啊？」

出現的是個以一股現在就要出來揍人的氣勢探出了頭、看上去約七十歲的紅臉男人。貌似正在休息，運動上衣配上短褲的打扮十分輕便。

不破面無表情地告知身分與來意。

「哦，我是他爸爸日出男。事到如今，檢察官還有何貴幹？」

「我是來重新調查的。」

「呿！那個姓谷田貝的傢伙是被誤抓的吧。就算要重新查過好了，肯定又會搞錯對象、抓錯人吧。」

「我不敢保證沒有這個可能性。」

「看吧，我就知道。」

「這是因為調查持續進行的過程中難免會陷入困境。反過來說，只要不調查，就不會抓錯人。而且日本擁有搜查權的職業極為有限。如果是陸地上的殺人事件，不是警察就是檢察官，頂多再加上自衛隊警務官和刑務官而已。不管是哪一種，只要這些職業的人按兵不動，就無法為令公子報仇雪恨。」

「別說那種歪理了。」

「這並不是歪理，是事實。在我們討論這件事的時候，殺害峰隆先生的犯人還大搖大擺地走在陽光下。」

「嘖！聽了就火大。」

「能不能抓到犯人，關鍵或許就是您的證詞了。您或許掌握了就連自己也不知道實際價值的線索。但是我能善用您手中的線索。如果您也想讓殺害峰隆先生的犯人落網，與我合作是最快的途徑。就算您不認同、不相信這個方法，也改變不了這個事實。」

不破的面無表情在日出男的面前也奏效了。見不破即使被瞪、被罵也文風不動，日出男臉上的肌肉也逐漸放鬆。

「你能保證一定會抓到真兇嗎？」

「我只能保證不到最後絕對不放棄。」

「確實，你看起來很有韌性的樣子。」

「我認為這是我唯一的優點。」

「進來吧。那邊的秘書一起來。」

我才不是秘書。但美晴也沒想為自己正名。

門後面只有一雙有點髒兮兮的拖鞋。美晴一點也不想把腳伸進去。

走進屋子裡，一股尼古丁的臭味撲鼻而來。顯然日出男是個老菸槍，菸味都滲進牆壁和家具了。

根據事先蒐集的資訊，已知日出男是一個人獨居。妻子在峰隆還是小學生的時候就過世了。他原本是工人，現在應該是倚靠年金過著縮衣節食的生活。

「隨便坐吧。」

日出南指著矮桌前說道。地上鋪的是隨處可見香菸燒焦痕跡的榻榻米，連一個座墊也沒有。不破毫不遲疑地跪坐在榻榻米上，美晴則是站在他身後。

「小姐也坐下吧。」

「請不用顧慮我……」

「誰在顧慮妳啊。因為妳直挺挺地站在那裡實在很礙眼。」

「好、好的。」

「言歸正傳，這位是不破先生吧。你到底想問什麼？」

「我看過您提供給警方的證詞。關於峰隆先生最近的情況、交友關係、還有案發前有沒有跟您聯絡過。」

「嗯嗯，我什麼都不知道。找上門的刑警也垂頭喪氣地回去了。」

「您很少與峰隆先生聯絡嗎？」

「從他高中畢業後就這樣了。自從他在那家莫名其妙的金融公司上班以後，連盂蘭盆節也很少回來。」

「二位的感情不好嗎？」

「嗯，跟一般的父子一樣嘛。他要是敢頂嘴我就揍他，不吭聲、不回答我也揍他。」

這哪是一般的父子啊。但美晴勉強自己接受這世上也是有這樣的親子關係。

「儘管如此，他還是偶爾會回來嗎？」

「每次都在我快忘了還有這個兒子的時候回來。不，與其說是回來，說是來避風頭還更貼切。」

「避風頭？他有什麼嚴重到需要避風頭的問題嗎？」

「對方可能會覺得很嚴重，但我猜對峰隆來說只不過就是小意思。」

見不破沒有反應，日出男豎起小指。

「那小子長得跟他母親很像，是個俊俏的小白臉。從中學開始女朋友就一個換過一個。高中時還被取了『花花公子楠葉』的外號。」

「很有女人緣呢。」

「才不是那麼好聽的說法。那小子從小就沒了母親，所以想必也不太知道要怎麼跟女人相處。每次回家，通常都是跟交往的女人產生感情糾紛，所以才跑回來避難。那小子好像經常腳踏兩條船。」

「您知道他從今年一月開始就跟須磨菜摘小姐同居了嗎？」

「哼，我怎麼可能知道。是刑警提起，我才知道的。說他和同住的女人一起被殺了。」

「您怎麼想？」

「沒什麼想法，只覺得這種死法還挺適合那小子的。光是能死得其所就應該稱讚他了。」

簡直像是把兒子當成惡人一樣。但是從他說出口的話之中也可以聽出些許虛張聲勢的味道。

「他以前曾提過交往的對象嗎？」

「檢察官啊，你會一一向家人報告今天上了幾次廁所、今天拉了這麼大條的屎嗎？」

「不會吧。」

「對那小子而言，跟女人交往就只是這麼回事。所以聽說那小子和女人同居時，我真的大吃一驚呢，想說他終於要定下來了。這比他被人殺害還更令我訝異。」

「除了感情經歷以外，可以告訴我峰隆先生是個什麼樣的人嗎？」

「除此之外就沒什麼好說的了。」

日出男搔搔頭。原本就很稀疏的毛髮看起來更是少得可憐。

「要是我早點給他添個後媽，那小子或許也不會變成這樣了，都怪我不好。欸，不過扣掉跟女人的關係這個問題，那小子就跟一般的男人沒兩樣，很普通。平平無奇，也不是特別會鑽營。最後雖然好像抽到下下籤，但他的人生差不多也就是那樣了。雖然我沒資格說他，但那小子的人生就是這麼平凡無聊又枯燥。」

就算感情再怎麼淡薄，像這樣把死去的兒子批評得如此一文不值的父母還是很罕見。

然而，日出男漠不關心的面容突然閃過一道陰影。

「即使是這樣……他還是我唯一的兒子啊。」

不破與美晴在沒有得到什麼重要線索的情況下離開了楠葉家。坐進車子裡後，胸口的寒意仍未消失。

「這世間也有那樣的父親啊。」

話說出口以後，美晴想起自己的父親。雖然不像母親那麼健談，可是當自己站在人生的十字路口時，父親還是會給自己一些建議。高中的時候，她也曾經毫無理由地排斥父親、刻意與他保持距離，結果當美晴高中畢業離家後，反而換成父親不知道該怎麼與這個女兒相處，至今對待她的態度依然是小心翼翼的。不過美晴也知道父親關心她，所以並不怎麼排斥。不管怎麼說，都比楠葉父子的關係還要更好吧。

「這麼一來，遇害的峰隆先生也無法瞑目吧。檢察官，您有注意到嗎？那個家裡完全沒有峰隆先生的照片喔。生前就算了，如今人都過世了，至少也該擺張遺照吧。」

「只有這個嗎？」

不破直視著前方問道。

「妳只注意到這一點嗎？」

「不，我是說連照片都沒有……」

「玄關的拖鞋。」

「咦？哦，那雙骯髒的拖鞋有什麼問題嗎？」

「妳什麼也沒想到嗎？」

「我只覺得很髒。」

「妳根本什麼也沒看見。那是峰隆先生的拖鞋。」

「怎麼可能。」

「妳認為髒成那樣的拖鞋是為了給客人穿才特地擺在那裡的嗎？我們進到楠葉家時，那雙拖鞋就已經在那裡了，並不是臨時拿出來給客人穿的。那是父母為了兒子什麼時候回來都可以穿才一直擺在那裡的。」

「可是峰隆先生已經過世了。」

「就是這樣。兒子都已經過世了，屋裡還依然放著他專用的拖鞋，妳難道不能理解父親的這種心情嗎？」

美晴倏地閉上嘴巴。

好想一拳把幾秒鐘前才洋洋得意地批評日出男不近人情的自己揍倒在地。

不破說的沒錯。自己貌似仔細地觀察了，其實什麼也沒看見。

就像自詡為「大阪府居民的保母」，但眼裡卻完全沒有府民的大阪府警那樣。

五、沒有盡頭的負債

終わりのない負債

1

第二天，不破在美晴的陪同下前往中央區的大阪商務園區一隅。商務園區位於大阪城的東北方，密集的摩天大樓群跟周圍地區之間被大阪城公園給隔開。看在早已習慣大阪雜亂氛圍的美晴眼裡，感覺有些格格不入。

遇害的楠葉生前是在「北攝金融」上班，辦公室就位在某棟大樓的四十二樓。根據事前的調查，該公司是由某大型銀行百分之百出資的子公司，主要業務是提供融資給個人客戶，亦即所謂的非銀行金融機構。換句話說，銀行無暇應付的小額融資就由子公司代為處理。

「我想調查楠葉先生生前的女性關係。」

不破在辦公室的窗口沒頭沒腦地開口。過於單刀直入的問題讓櫃台的女性職員相當不知所措。

「您是說女性關係……嗎？」

「只要是聽過楠葉先生這方面傳聞的人，不管是他的直屬上司或同事都行。」

原本態度從容的櫃台女職員一時之間還摸不著頭腦，但還是努力維持鎮定，撥打了內線電話。

「那個……有位來自大阪地檢的不破檢察官來詢問楠葉先生的事……是的，而且檢察官表示要調查楠葉先生的女性關係……真是不好意思……好的。」

接著在另一個房間等待了十分鐘左右，終於見到一位三十多歲的女性。名片上印著「營業三課　課長細見美香」。

「敝姓細見。過世的楠葉是我的部下。」

細見在不破對面坐下時仍一臉半信半疑的樣子。

「櫃台的同事告訴我您想調查楠葉的女性關係。」

「是的。」

「這個問題真的很直接呢。」

「拐彎抹角只是在浪費時間。我也不想耽誤細見小姐寶貴的時間。」

同樣面無表情、同樣既沒有場面話也沒有開場白的說話態度。但細見似乎不以為意，感覺反而因此對不破產生了興趣。

「聽說原本以為是嫌犯的人其實是無辜的。」

「這是嚴重的失態，犯了絕不能犯的錯誤。」

說完這段嚴肅的話之後，不破再次開口就讓聽到的人都不由得正襟危坐。

「正是因為如此，我們絕對不能再重蹈覆轍。今天之所以登門打擾，也是為了提高線索的準確度。我必須全面了解被害人楠葉先生的優點及缺點、好的或壞的風評才行。」

「人都已經走了，我怎麼忍心再說他的壞話。」

「您的證詞很可能會直接關係到破案。把故人的一切都告訴我們，就是對往生之人最大的供養。」

「您都說到『供養』二字了，我好像不說也不行呢。」

細見甘拜下風似地搖搖頭。

「營業三課其實是所謂的客服諮詢窗口，說得更直接點，就是負責處理客訴的單位。最近的客戶愈來愈自我中心了，所以處理客訴的壓力非比尋常。」

細見的語氣裡充滿心疼與自我憐憫，想必她也應付過很多這方面的客訴吧。

「除了對合約不滿，也有不少客戶打來只是想發洩日常生活累積的怨氣。」

「區分得出來嗎？」

「如果是正常的客訴，只要解決問題，對方就不會再打來了。但如果是為了發洩，一定會鬧到負責人或他的上司出面道歉才肯罷休。也就是說，對方的目的是為了逼我們道歉，所以聽聽他們說話的方式就知道了。」

「楠葉先生也負責處理客訴嗎？」

「他剛分發到這裡的時候，我確實有點擔心。因為他看起來很輕浮，以前也沒有處理客訴的經驗。」

「結果根本不需要擔心嗎？」

「態度輕浮歸輕浮，但是在面對客訴的時候他還是能誠心誠意地處理。非常有耐心地聽客戶抱怨，一點也不毛躁。」

「很優秀呢。」

「他很適合這份工作喔。該說是善於傾聽嗎，總之有與生俱來的才能。無論是再激烈的客訴，只要跟他聊上一個小時，客戶就會息怒了。他那種口才與傾聽的態度，於公於私都非常有效的樣子。」

話中有話的口吻令美晴有些在意。不破似乎也有相同的感覺。

「您是指他在日常生活中也會利用這種話術嗎？」

「剛好相反，正確的說法是他把原本日常生活中的話術運用在工作上。楠葉先生是天生的愛情騙子。」

細見的證詞與楠葉的父親日出男如出一轍。話說回來，就連職場都知道楠葉喜歡遊戲人間，他到底有多荒唐啊。

「不過楠葉的情況倒也不是好色，而是出於天性。即使本人無意勾引，女人也會主動靠過去。畢竟他長得很俊俏，而且對每一個女孩子都很溫柔。」

「不愧是他的主管，觀察得很入微呢。」

「該說是觀察嗎，因為楠葉也以同樣的方式跟我互動。」

細見含羞帶怯地笑著說道。臉上的表情比剛才嬌艷了幾分，這應該不是美晴的錯覺。

「檢察官先生見過這樣的男人嗎？」

「恕我見識淺薄。」

即使沒有開口，細見還是了然於心地點點頭。

「偶爾也會出現這種天生的花花公子喔。本人自以為是以正常的態度待人接物，但女方卻自顧自地一頭熱。嗯，殷勤的態度當然好過冷若冰霜，但女方如果誤會的話，就會埋下感情糾紛的種子。」

「實際上有發生過糾紛嗎？」

「公司裡是沒有。因為我會在演變成大麻煩之前先拉上封鎖線。警告所有見過楠葉的女生、告訴大家他不是真心的，這也是我的工作。」

「所以糾紛是發生在公司外面。」

「說來慚愧，那種糾紛五根手指都數不完。狀況五花八門，不是女方會錯意、就是楠葉只有起初是認真的……總之公司經常接到女人打來找他的電話。」

一般而言，如果是私事，應該會直接打楠葉的手機。會打到公司來就表示若不是楠葉拒接對方的電話、就是對方刻意來找麻煩吧。

「影響到業務了嗎？」

「因為每通電話都要扯很久。對方不是堅持要是小峰他不接就不掛斷、就是威脅要到母公司的官網去投訴。處理她們的問題比處理客訴棘手多了。」

「是由身為上司的細見小姐您負責處理嗎？」

「因為也**不方便**讓辦公室的其他人聽到男女之間的糾紛嘛。我只好當成工作、默默處理掉了。」

「真是辛苦啊。」

「檢察官先生，當您說出這句話的時候，請露出真心覺得我確實辛苦的表情好嗎。不過能用電話擺平還算好的，最棘手的是直接找到公司來的人。要好好安撫她們、讓她們願意離開也是一件苦差事。」

「看樣子直接跑來的人不只一個呢。」

「光是我記憶所及就有三個人。」

「有留下紀錄嗎？」

「紀錄？怎麼可能。除了客訴以外，沒有人會一一留下員工私人糾紛的紀錄吧。」

「只留在細見小姐的記憶裡嗎？」

「我記得可清楚了。不是腳踏兩條船、就是說好要結婚、再不然就是懷孕了。只是我沒有連名字都記住。因為有好幾個人連名字都還沒報上就開始大喊大叫。」

「楠葉先生有什麼反應？」

細見似乎回想起當時的情況，邊苦笑邊搖了搖手。

「本人似乎已經很習慣了。臉不紅、氣不喘地拿我當擋箭牌。還說都是對方一廂情願，不是他的錯。少騙人了，都懷孕了怎麼可能只是單方面的一廂情願。對了，這麼說來，印象中楠葉似乎提過那個吵著說自己懷孕的女人後來好像自殺了。」

「鬧出人命可不是一件小事呢。」

「印象中沒有在電視或報紙上看到報導，所以我想應該沒有鬧得很大。楠葉本人也說得十分坦然。所以，反而是聽說他跟女人同居的時候還令我嚇了一大跳呢。」

「楠葉先生三十四歲了，這個年紀就算結婚生子也不奇怪。」

「工作就算了，他是那種不希望私生活受到任何束縛的人。光是開始和別人住在一起，在我看來就是很大的改變了。可是，我同時也擔心過去和他交往過的女人大概會恨他入骨。」

結束對細見的詢問後，不破與美晴走出大樓。從公園吹來的風輕輕撫過汗濕的肌膚。

「檢察官，您調查楠葉先生的過去是認為嫌犯在他以前交往過的對象裡面嗎？」

「不能排除這個可能性。」

「可是細見小姐不記得跑來興師問罪的女性叫什麼名字，想查也無從查起。」

還是除了細見以外還有別的門路？不破默不作聲，一句不平不滿都沒提。

在搜尋西成署的資料室時，本案的搜查資料編號（2）的紙箱整箱不見了。裡頭有谷田貝以外的不明毛髮和腳印，以及最重要的物證，也就是那把露營刀。

露營刀已經完成鑑定，並未驗出特定的指紋。

「最重要的物證已經消失了，即使真的出現其他的嫌疑人，也拿他沒轍吧。」

既然不破都不抱怨，那自己就代替他發發牢騷吧。可是不破看都不看美晴一眼。

「沒有證物的話，準備一個就好了。」

美晴聽不懂這句話的意思，正想追問，就立刻意識到他一定懶得回答。

不破邊走邊拿出自己的手機，撥了電話給某個人。

「我是不破。好久不見。我想麻煩你鑑定。可以溜出來一下嗎？」

不破與美晴驅車前往大手前的咖啡廳等人。這是不破常去的店嗎？裡頭有個以隔板隔開、很適合密談的座位。

幾乎與咖啡送上桌的時間同步，不破等待的人物出現了。

「不破檢察官，為什麼又約在這種地方啊？」

在不破正對面坐下的是府警本部鑑識課的鴇田。他是個身材胖胖的、濃眉與下垂的臉頰都令人印象深刻的男人。

「我應該說過，我想請鑑識課鑑定一樣東西。」

「既然如此，直接寫個申請資料或親自過來一趟不就好了嗎？」

「我當然會提出正式的文件。」

「不過你也真是太見外了。我跟檢察官可是老交情，至今不曉得單獨幫你鑑定過多少次了。」

「這次也一樣。只是交付證物的場所略有不同。」

「難不成……」

鴇田以刺探的眼神觀察不破的表情。

「你是在擔心其他職員會質問我跟不破檢察官直接往來的事嗎？」

雖然是調侃的口吻，但幸好他長了一張笑起來很討人喜歡的臉，所以看著並不討厭。鴇田這時向服務生點了一杯冰咖啡。

「我無所謂，只是鴇田先生可能會比較難做人。」

不破說得合情合理，但畢竟已經在身邊見識過太多次他的手法，美晴隨即讀到更深一層的意思。不破或許也顧慮到鴇田在府警本部的立場，但他真正的用意會不會是希望鑑識作業能毫無滯礙地順利進行呢？此時此刻，不破可是府警本部的頭號敵人，倘若提出正式的鑑定申請，鴇田的立場肯定會很為難。既然如此，即使是正式的委託，像這樣在檯面下往來也比較不容易讓對方感到抗拒。

鴇田意味深長地咧嘴一笑。如果這個男人認識不破夠久，想必早就看穿美晴想到的可能性了。

「確實會很難做人。畢竟你是揭發包括府警本部在內的全轄區警署重大失誤的不破檢察官嘛。搞不好比通緝犯更令他們深惡痛絕。光是被他們看見我和你這麼親近地交談，我可能就會受到排擠了。」

「給你添麻煩了。」

「無妨，反正你那種瞻前不顧後的做事手法也不是今天才開始，沒必要道歉。不過話說回來，這次的風波真的鬧得好大呀。包括柳谷府警本部長在內，一共有七十六人受到處分。這下子大阪的警察又要被民眾扔石頭了。可是啊，檢察官你大可不必放在心上。如果這麼說的話可能連我也會被盯上，不過關於這次的處分，其實每個單位的態度都不太一樣。負責管理資料室的人或各案件的承辦人或許都很生氣，但鑑識人員倒是還好。呃……這位是事務官惣領小姐沒錯吧。」

突然被點到名，美晴愣了一下。

「妳知道這是為什麼嗎？」

「因為鑑識課沒有被究責嗎？」

「這也是原因之一，但最重要的理由是幫我們這邊揭發了搜查資料遺失這個事實。」

鴇田的語氣帶著些許自嘲的味道。

「府警本部偵辦的案件資料有所缺漏早已是公開的祕密。不是不能理解他們想隱瞞的心情，但他們完全不去想辦法改善的態度令人無法接受。繼續放任不管的話，搜查資料丟失的問題只會愈來愈嚴重。無法起訴的案件、超過追訴期的案件會愈來愈多。光是為這個惡性循環劃下休止符，不破檢察官的告發就有意義了。」

不破並不是告發，只是貫徹自己的作風而已，但美晴並未插嘴。這時最好任由鴇田暢所欲言會比較好。

「鑑識課也很重視搜查資料遺失的問題，可是誰也不敢對一課或刑事部長、更別說是府警本部長提意見。對於隸屬鑑識課的人來說這真的很讓人火大。不眠不休、努力分析的結果送回本部後，居然被棄置在機械室，最後甚至還搞丟，這實在太過分了。」

鴇田的語氣愈來愈激動。大概是再也無法壓抑內心深埋以久的怨憤。

「目前所有的警署都視檢察官為不共戴天的仇敵。但是請別忘了，也是有人因此暗地為你加油的。」

「非常感謝你的支持。」

「不只府警本部，警察對自己人都很寬容。之所以經常出事，也是因為沒有人敢糾正自己人犯的錯。在這種情況下，不破檢察官的存在就是求之不得的刺激。」

「就像是促使體內產生抗體的病原體嗎？」

「怎麼說是病原體呢……就不能說得好聽一點嗎。不過臉皮這麼厚也是不破檢察官的特色，事到如今再巧言令色會令人很不舒服。」

美晴也試著想像一下花言巧語的不破，但兩秒鐘就放棄了。這個人就算笑了，肯定也會變成假笑般的虛偽表情。

「所以檢察官想委託我鑑定什麼？」

不破從公事包拿出了塑膠袋。美晴瞪大眼睛盯著看，只見袋子裡裝了一根毛髮。之前都沒有看過這個證物，所以美晴十分意外。

「你還記得西成有對情侶在公寓裡遇害嗎？」

「怎麼可能忘記。不就是那個抓錯人的案子害搜查本部一敗塗地的嗎。」

「由鴇田先生採集、分析的證物中，不明毛髮與不明腳印的實體證物不見了。」

「哦，那些也不見啦。」

「證物雖然遺失了，但應該還保存了嫌疑人谷田貝以外的資料吧？」

那當然。鴇田不假思索地點頭。

「必須保存到官司徹底結束才能刪除。拜數位時代所賜，跟狹窄的資料室或機械室什麼的相比，數位空間還真是幫了大忙。」

「可以請你將那些不明毛髮與這根頭髮進行比對嗎？」

鴇田接過塑膠袋，拿到眼前、瞇著眼睛仔細打量。

「男人的頭髮……而且好像是年輕人。」

「不愧是鴇田先生。」

「是事件相關人士的頭髮嗎？」

「目前還在調查。」

「不破檢察官，你想搶在搜查本部之前破案嗎？」

「我只是不想對已經處理到一半的案件半途而廢。」

「果然像是檢察官會說的話。」

鴇田一口氣喝光面前的冰咖啡，將塑膠袋塞進口袋裡，站了起來。

「這杯冰咖啡算你的喔。」

「沒問題。」

見鴇田離開咖啡廳後，不破也站起來。顯然是不想讓別人撞見他與鴇田一起離開吧。

天色已經暗了，路燈開始一盞一盞地亮起。美晴跟著不破走出店外後，就忍不住對著他的背影問道。

「檢察官，剛才的毛髮是哪來的？」

不破沒有回答。

「是趁我不注意時採集的吧。到底是誰的頭髮？」

還是沒有回答。被人視若無睹到這個地步，反而也讓人覺得有些痛快，但話題已經開了，就很難再收回來。

「檢察官，您把我當成什麼了？」

「檢察事務官啊。」

「我是不破檢察官專屬的檢察事務官。是檢察官的手腳，或者是影子。」

「妳要這麼想也行。」

「可是如果檢察官不告訴我您在懷疑什麼、調查什麼，手腳就無法做出流暢的動作。手腳要接收到大腦的命令才能動起來。」

「手腳有必要知道目的嗎？」

美晴愈說愈激動，但不破仍以平常心面對。等於是對美晴的憤怒火上加油。

「手腳只要收到訊號就能動了。」

「就算是這樣，您還是太過無視溝通了。即使是影子，如果不想讓它脫離本體的話，不建立合作關係的話是辦不到的。」

不破回頭看著美晴。

「問題出在建立合作關係以前。」

「什麼意思？」

「同樣的話別讓我一再重複。」

「我資質魯鈍，如果只說一次，我記不住。」

「妳的想法和情感太容易表現在臉上了。」

兜兜轉轉，果然還是回到這個話題嗎。

「重新調查時，很難指望再得到搜查本部的協助。谷田貝獲釋後，真兇必定會提高警覺，所以行事一定要格外慎重。這時如果被對方知道我們這邊的計畫，妳認為會有什麼後果？」

「光靠臉上的表情就能夠讀出一個人的行動嗎？」

「別用妳自己的標準衡量別人。刑警也好、罪犯也罷，謹慎的人會屏氣凝神地耐心等待對方出招，觀察對方的一舉手、一投足。光看我們去了哪些地方就能推測我們在想什麼的人可不只一、兩個。」

「我就這麼靠不住嗎？」

「不是靠不住，而是很危險。」

這句話說得太過分了，美晴終於失去自我控制的能力。

「請不要因為自己過去的失敗，就認定我也會犯下同樣的錯誤。」

不破的眉毛微微挑動了一下。美晴心想這下慘了，但已經忍無可忍的想法與心聲一潰堤就停不下來。

「因為表情被嫌疑人看穿、眼睜睜地看著ＤＶ案的被害人遇害，我能理解這一定很痛苦、也能理解檢察官從此以後貫徹面無表情的心情。可是，人不是玩偶或機器人，您不覺得要求活生生的人保持面無表情是一種無理的苛求嗎？您說不要用自己的標準去衡量別人，這句話我想原封不動地還給檢察官。現在是怎麼回事？您好像是一肩挑起了這個世間的不合理。您是只靠自己一個人在工作的嗎？」

抗議源源不絕地脫口而出，中間根本不用換氣。貌似要把淤積在胸口的想法一口氣宣洩出來。

「您很了不起，令人尊敬。可是光靠檢察官一個人能拯救多少人？光靠您一個人努力工作，又能起訴多少犯罪？請不要太自命不凡了。或許我只是手腳或影子，但只要您願意指導我，我就能發揮比現在更大的戰力。為什麼您就是不肯相信離自己最近的人呢？再這樣下去，就連我也無法充分發揮實力。任憑檢察官再怎麼有行動力，也一定很快就會碰壁的。」

就在這個時候。

噗滋。耳邊傳來了莫名其妙的聲音。

聲音雖然微弱，但聽起來十分清楚。

不破的眉毛又挑動一下。

整個身體慢慢地轉向美晴。

襯衫的胸口部分有一個紅點。

面向這裡的不破，就這麼全身癱軟、倒在地上。

「檢察官？」

不破倒在柏油路上，一動也不動。靠近一看，胸口的紅點正慢慢地擴散開來。

「檢察官。不破檢察官！」

美晴大喊他的名字，但不破只是緊閉雙眼。

美晴雙腿一軟，跌坐在地上。

察覺到異狀後，有幾個行人衝上前來。

「怎麼了？怎麼了？」

「哇，發生什麼事了？他在流血耶。」

「是不是中槍了？」

「誰趕快打電話叫救護車！」

「小姐，妳認識這個人嗎？」

「妳在發什麼呆，振作一點啊。」

圍過來的人群你一言、我一語的。不知道什麼緣故，感覺那些聲音聽起來非常遙遠。

2

不破被趕來的救護車送往最近的醫院。美晴也跳上救護車一同前往，但是有好一段時間都感受不到現實感，處於茫然自失的狀態。

擊中胸前的子彈沒有貫穿，停留在胸部。不破立刻被送進手術室，美晴則是獨自留在手術室前。

一坐到長椅上，恐懼與罪惡感便從腳底源源不絕地湧上來。

不是手或腳，而是不偏不倚地瞄準不破的胸膛。這很明顯是以殺人為目的一槍。平常終究是作為案件來處理的殺意，如今正露出獠牙、猛然朝他們襲來。

罪惡感遠大於恐懼。被擊中的瞬間，不破正把頭轉向美晴。聽了美晴感情用事的幼稚言論，然後子彈就從前方射過來。要是美晴當時不要那麼激動，不破就會繼續面向前方，或許就能注意到狙擊手了。

是自己害不破掉以輕心的——這個念頭一旦產生，美晴連指尖就變冷了，陷入深深的歉意與自我厭惡的情緒裡。

萬一不破死了，都是自己的責任。

自己明明在距離他最近的地方，非但沒能阻止襲擊，還讓他一個人中彈。大阪地檢的王牌，剛揭發府警本部的醜聞就遭遇了槍擊，而自己卻只能眼睜睜地看著。不破遇襲後，自己也無法採取任何急救措施，只能像個孩子般瑟瑟發抖。

人命沒有輕重之分完全就是謊言。凡是執法人員，不，即使不是執法人員，但凡知道不破豐功偉業的人一定都會這麼想。

要中槍的話倒不如換成跟在後面的檢察事務官中槍，影響也比較小一點——

即使用雙臂環抱自己，也無法抑制全身的顫抖。一股涼意從肚子裡竄出來。

老天保佑。

請一定要保佑他平安無事。

就在美晴雙手合十，誠心誠意地祈求時，冷不防從頭上傳來了聲音。

「真是無妄之災啊，惣領小姐。」

一抬起頭，就看到府警本部的內村刑事部長站在她的面前。

「檢察官的狀況如何？」

「還不曉得。送來以後就馬上接受緊急手術了。」

「感覺能得救嗎？」

「我不知道。我真的什麼都不知道。」

內村轉頭望向手術室，也不再開口了。沉默橫亙在兩人之間，此時此刻的美晴已沒有餘力思考他在想什麼。

「我知道妳現在很難受，但還是要請妳協助警方調查。」

從內村的聲音可以聽出隱含的怒氣。

「不破檢察官在距離府警本部徒步五分鐘的地方遇襲。犯人等於是堂而皇之地在我們的眼皮子底下開槍。這完全沒把府警本部看在眼裡。」

對他而言，重要的不是不破遭遇槍擊，而是犯人竟然在府警本部附近行兇。這句話令美晴感到非常光火。

「現任檢察官被槍擊，這件事非同小可。府警本部已經立刻成立搜查本部，一課的刑警也馬上展開查訪。由於情節重大的關係，就連我也會出動。」

掛上刑事部長頭銜的人物通常不會親赴第一線查案，所以內村的任務大概只是來詢問不破遇襲時的情況。即便如此，還是可以看出這個案子對府警本部而言肯定具有極為特殊的意義。

「請妳看一下這個。」

內村遞到美晴面前的，是一張以不破與美晴離開的咖啡廳為中心的地圖。

「晚間六點二十四分接獲槍擊的報案。不破檢察官實際遇襲是在這個時間嗎？」

美晴勉強壓下混亂的心情，拚命回憶。離開咖啡廳時，掛在牆上的時鐘指著六點十五分。兩人走到店外後，美晴質問他，這段對話大約花了五分鐘左右。

「我想檢察官是在二十分左右中槍的。」

「時間上很合理。那麼請問你們是從哪裡走過來、攻擊是來自哪個方向呢?請回想當時的狀況,盡可能正確地回答。」

美晴閉上雙眼,再次爬梳記憶。然而亂糟糟的思緒始終無法整合起來。

或許是看出美晴想得很費勁,內村以更強硬的語氣說道。

「我們正在蒐集目擊情報,但可信度最高的證詞無非是來自於距離他最近的惣領小姐。妳的證詞將會左右初步搜查的方向。」

自己的一句話將決定調查的方向——這句話原本只會增加壓力,如今卻成了粉碎怯懦的動機。

美晴當著內村的面做了個深呼吸。光是這樣就足以令她冷靜下來。美晴凝視地圖,試圖還原不破受到狙擊時的情況。

「我和檢察官是往府警本部的相反方向走。當時我走在檢察官後面。」

不破遇襲時的畫面逐漸重現。她可以重述場所及交談過的話了。

內村邊聽邊不住點頭。槍擊發生後,搜查一課和鑑識課第一時間就趕往現場展開調查。他們提出的報告與美晴的證詞並沒有太大的出入。

但美晴心中也浮現了疑問。

「現場有沒有發現犯人遺留的東西?」

「有採集到不明的毛髮和腳印。可是那個地方每天都有好幾百人經過,所以很難鎖定兇手。」

「找到槍了嗎？」

「槍被帶走了，不過彈殼還留在原地。是 7.62×25mm、俗稱 7.62mm 托卡列夫子彈。」

「所以犯人用的也是托卡列夫手槍囉。」

「八九不離十。最近有很多中國製的劣質槍枝流到黑道手中，但使用的子彈與威力並沒有太大的差異。托卡列夫子彈的彈頭比較輕，所以射程距離不比口徑大的子彈，但是可以裝填的火藥量比較多，所以初速很快。換句話說，只要在近距離射擊，就能提升貫穿力。」

美晴聽得心驚膽戰。不過考慮到子彈並沒有貫穿不破的身體，可見犯人不是在近距離射擊的。

「搜查本部也做出相同的推論。根據鑑識人員的判斷，最短也有十公尺以上的距離。妳有沒有在那個範圍內看到什麼可疑人物？」

畫面再次重現。但美晴的視線固定在不破身上，無暇顧及到周圍或前方。

「對不起，我想不起來了。」

「別太在意。人的記憶非常不可思議，特別是視覺資訊更容易出現這樣的傾向。即使無法馬上回想起來，通常記憶也會隨著時間經過逐漸復甦的。」

這句話或許是為了開解她的擔憂，但反而讓美晴更痛苦了。轉過來的瞬間，不破胸前染上了紅點，慢慢地在自己的面前倒下。紅點逐漸在襯衫上擴散開來，有如墨水染紅了白紙。美晴永遠忘不了那一幕。這輩子只要有個風吹草動，就會喚醒美晴的罪惡感吧。

「如果妳想起什麼，請立刻與我聯繫。隨時都可以。」

「內村部長。您剛剛說府警本部的搜查一課目前正在現地查訪。」

「對，一課全員出動了。」

「有調查過他的人際關係嗎？」

聽到這裡，內村一時露出了陰險的眼神。

「那我問妳，妳知道不破檢察官私底下有跟誰結怨嗎？」

「私底下……不破警察官是完全不讓他人看到他私生活那一面的人。」

「我跟你說啊，惣領小姐。我認識不破檢察官的時間比妳還久，但是關於這點，我也跟妳持相同意見。那個人恐怕根本沒有私生活。既沒有家人、也沒有親密的朋友，從來沒有提過工作以外的話題。」

內村似乎有些遺憾地撇下了嘴角。

「體現檢察官徽章的秋霜烈日◆聽起來很偉大，但是完全沒有私生活的人，大概也只有他一個了。所以或許會有人敬畏他，但應該沒有人敬愛他。大部分的人都有點怕他、與他保持距離。因此我認為私生活方面有機會與不破檢察官結怨的人並不多。只不過扯到工作就另當別論了。」

「就連我也知道他在工作方面樹敵不少。畢竟不招人嫉是庸才。」

「他不只優秀，還是個狠角色。尤其是這次搜查資料大量遺失一事，不破檢察官給自己樹立了很多敵人。」

「您是指接受處分的那七十六名警官嗎？」

話一說出口，美晴就在心裡暗叫不妙。因為眼前的內村不也是要被貶到轄區警署的一人嗎。

或許是看穿了美晴的心情，內村臉上浮現了皮笑肉不笑的表情。

「樹敵無數就意味著有很多嫌犯。雖然最近在網路上也買得到，但托卡列夫手槍畢竟不是誰都能弄得到的東西。從這兩個要素來分析，確實不得不懷疑嫌犯可能是警界人士。啊，為了消除妳的疑慮，我先跟你說吧，不破檢察官遇襲的時候，我正在府警本部與副本部長談話。妳應該可以接受這個不在場證明吧。」

「我不是這個意思……」

「無論如何，社會大眾和新聞媒體一定會懷疑到我們府警相關人員的頭上。所以從搜查本部到府警本部都把這起事件視為最重要的案件。不管是不是自己人，一定會徹底調查清楚的。請放心，年輕的事務官小姐。沒有人會因為受到處分就故意利用別的案子借題發揮。」

內村以發自丹田的音量斬釘截鐵地說道。但那只是內村個人的想法，不代表眾多警察之中絕對沒有心懷不軌的人。

但美晴想暫時排除這個可能性。現在需要的不是懷疑，而是祈禱。祈禱不破平安無事、祈禱警方早日逮捕狙擊他的槍手。

◆對日本檢察官徽章的稱呼，也體現在徽章的設計意象之上。這四個字來自於成語，意指秋季冷霜、夏季烈日等嚴峻的氣候。引申為執法與權威的嚴格。此外亦有說法認為，這樣的設計帶有檢察官必須如同冰霜般嚴格，但也要保有陽光般溫暖的意涵。

「我們對不破檢察官確實有很多埋怨，但本案同時也是對府警本部的挑釁。我們一定會將犯人繩之以法。」

「一切就拜託各位了。」

美晴深深地一鞠躬，再次雙手合十，開始祈禱。內村應了一聲後也離開了。

三十分鐘過去了，手術還沒有結束。美晴不知道取出子彈的手術平均要花上多少時間，只是隨著時間一分一秒地流逝，心情也益發沉重。

突然，她又想到要拿出子彈就必須進行開胸手術。不破的體力可以撐過這場手術嗎？他看起來身體不差，但從未聽他提起定期健康檢查的結果。即使能撐過手術，也不表示手術一定會成功。過去美晴曾聽過子彈已經取出了，結果卻因為多重器官衰竭而死亡的案例。

萬一不破就這樣死了——

美晴痛罵自己，要自己不要去想那些不吉利的事。她不是個迷信的人，但只要稍微想到死亡的可能性，就很擔心好的不靈、壞的應驗。

即使不是信仰虔誠的人，此時此刻也無法不祈禱。

老天保佑。

請不要讓不破檢察官在這裡死去。

美晴還有事想問他、還有話想對他說，更重要的是，想向他學習的東西還堆得跟山一樣高。

又過了幾分鐘，仁科從走廊的另一頭小跑步朝她跑來。

「惣領小姐、惣領小姐，妳還好嗎？」

一衝到她身邊，仁科就用力抓住美晴的雙肩。

「妳沒受傷吧？」

「我沒事，但不破檢察官……」

「地檢剛剛才接到通知。聽到消息後我就馬上趕來了。聽說不破檢察官中槍了？」

「是的。目前還在動手術要把子彈拿出來。」

「傷得很重嗎？」

「我不曉得。醫生沒有說得很詳細。」

「這樣啊。」

大概是跑得上氣不接下氣的關係，仁科看了門扉緊閉的手術室一眼後，就大大地喘了一口氣。

「開始偵辦了嗎？」

「府警本部的內村刑事部長有來問我一些問題。他說這個案子攸關府警本部的顏面，一定會抓到犯人……還說搜查一課的刑警已經全部出動了。」

「是嗎。」

貌似終於鎮定下來了，仁科又恢復平常的口吻。

「攸關府警本部的顏面啊。確實是這樣沒錯，沒想到事情會變成這樣，未免也太諷刺了。」

「怎麼說？」

「因為不破檢察官可是率先將府警本部的面子踩在地上的人。看在府警本部眼中，可以說是有血海深仇的大敵。偏偏檢察官又在距離府警本部不遠的地方遇襲，而且還是正在處分搜查資料大量遺失事件的情況下，本部裡面有太多人有嫌疑了。如果無法盡快破案，肯定又會引起社會大眾和媒體的猛力抨擊。換句話說，府警本部等於被不破檢察官坑了兩次。」

「地檢知道這件事以後有什麼反應？」

「包括迫田檢察長在內，整個地檢都大受打擊。」

沒有抑揚頓挫的口吻反而提高了緊張感。

「我也是聽別人說的，據說檢察長表示『這是對司法的恐怖攻擊』。我猜榊次席檢察官應該很快就會趕來了。大阪地檢的前兩號人物都因為這件事臉色大變。前一次出現這麼大的反應，還是特搜部竄改證據案件的時候呢。不只地檢，檢察長想必也會對府警本部施加壓力。這件事的嚴重性已經不只是關乎府警本部面子的層級了。」

美晴想起了先前柳谷府警本部長來地檢時，迫田所說過的話。利用揭發搜查資料大量遺失的過失，讓府警本部欠大阪地檢一個天大的人情。如果自己站在迫田的立場，包括扳回威信在內，即使命令對方償還當時的人情也不奇怪。

「手術什麼時候開始的？」

「一個半小時以前。」

「已經過了這麼久了？難道是因為子彈卡在麻煩的地方嗎？」

「……我不知道。真的，人被送進去以後，他們什麼都沒有跟我說明。」

「這樣至少比請妳把家屬找來好一點。」

「請問，不破檢察官的家人……」

「據我所知，他的父母都已經不在了。應該也沒有結婚，所以搞不好是孑然一身。」

「也沒有兄弟姊妹嗎……」

「惣領小姐是他的事務官，所以這件事我只告訴你。不破檢察官個人資料上的緊急聯絡人欄位是空白的喔。因此有沒有兄弟姊妹只有他本人才知道。他有沒有結過婚、有沒有小孩，這些都一概不知。」

美晴心想這樣就沒辦法了。檢察廳不可能錄取來路不明的人，只是一旦離婚，對方完完全全就是外人了，所以沒理由要求員工在個人資料上也一併寫下已經毫無關係的人。

但這麼一來，美晴又開始操起不必要的心。萬一不破有個三長兩短，要向誰報告不破的不幸呢？

「嗯，現在想這些也沒用。」

仁科在絕佳的時間點轉移話題。

「現場有找到槍嗎？」

「聽說只留下彈殼。槍枝是托卡列夫手槍。」

「托卡列夫啊。這種槍氾濫到幾乎快要可以在便利商店買到了，但目前只有手頭拮据的黑道或負責扣押槍枝的警察手中有現貨。剛好落在府警本部的守備範圍內。」

說得輕描淡寫，但是從仁科的語氣裡還是可以聽出緊張感。剛才內村雖然也沒掩飾他的緊張，但既然驚動了地檢的檢察長與次席檢察官，不破遇襲的事件應該不會不了了之。大阪府警應該會和大阪地檢齊心協力逮捕犯人吧。

「不知道輸血夠不夠。惣領小姐，妳知道不破檢察官的血型嗎？」

「不知道。」

「經過這件事我又再次感受到，我們對不破檢察官真的是一無所知呢。雖然這都要怪他不願意提自己的事，但是個人資料匱乏成這樣還是很罕見。」

「剛才府警本部的內村刑事部長也認為或許會有人敬畏他，但應該沒有人敬愛他。大部分的人對他都感到有些害怕，所以會跟他保持距離。」

「說的沒錯。這種距離感也是不破檢察官的特色。所以他才能擺脫組織常見的束縛或枷鎖，站在遠離那些東西的地方，依自己的風格做事。簡而言之，這種人會變成只能靠自己前進的邊緣人。」

「可是，這也意味著他孤立無援吧。」

「有什麼不可以嗎？因為檢察官自己就是獨立的司法機關啊。即使孤立無援也不是什麼壞事喔。當然，每個檢察官都有各自的手法，沒辦法強制他們到底該怎麼做，但至少比較不容易受到旁人的干涉倒是真的。再說了，正因為同時存在手法各異的檢察官，司法才能保持平衡。所以啊，惣領小姐。」

美晴看著望向自己的仁科，感覺胸口一緊。

「這個社會絕對需要有不破這樣的檢察官待在地檢。」

仁科說到這裡，與美晴同時陷入沉默。走廊上悄然無聲，空氣幾乎凝固。

感覺一秒就像十秒、一分鐘就像十分鐘那麼漫長。

美晴看了看時間。距離手術開始已經過了兩個小時了，再怎麼說也太久了吧。

沉默喚來了恐懼。即使一心一意地祈求，不祥的預感還是源源不絕地湧上心頭。

內村說是這麼說，該不會他根本無心捉拿犯人吧。不，如果只是這樣還好，說不定內村本人就是兇手。

不破找來的鑑識人員鴇田也很可疑。當時是鴇田先離開咖啡廳沒錯，但他會不會躲在咖啡廳附近，跟蹤不破和自己……

啊，不能再想了。

一旦感到不安，就會開始疑神疑鬼。疑心生暗鬼所指的就是這麼回事。

正當她心急如焚，坐也不是、站也不是時，手術室的燈號突然熄滅了。

美晴與仁科同時站了起來。

門一開，幾名護理師推著病床出來。不破就躺在病床上。

「不破檢察官！」

美晴正要衝上前去，就遭到其中一名護理師制止。

「患者還不能說話。」

載著不破的病床消失在走廊盡頭，只留下美晴與仁科還站在原地。

最後才從手術室裡走出來的好像是執刀醫師。

「請問是患者的家屬嗎？」

「是、是的。跟家屬差不多。」

美晴不假思索地回答。雖然不是百分之百正確，但以眼前的情況來說，應該還在容許範圍內吧。仁科也沒出聲糾正。

「擊發的子彈幾乎從胸部的正中央射入，擊碎了一部分的肋骨、直達肺部。雖然已經成功取出子彈並修復了臟器，但因為失血過多的關係，患者一度陷入休克狀態。」

啊啊，老天啊。

「好不容易才靠輸血搶救回來了。患者要暫時徹底維持靜養。」

「已經沒有生命危險了嗎？」

「這就要看患者的體力了。」

「謝謝醫生。」

「還不能掉以輕心，不過以他的體力來看，或許不用太悲觀。」

執刀醫師一臉錯愕地猛搖頭。

「被救護車送來後，患者還好幾度恢復意識，聽說他的表情一次也沒變過。在麻醉生效之前應該會非常痛才對。如果真是這樣，那這位患者也太厲害了。」

動完手術後，不破被送到加護病房。大概是為了以防萬一，府警本部派了兩名警官來站崗。不能排除攻擊不破的犯人再來追殺他的可能性，所以這樣的應對真的是令人安心。

不破還在昏睡。用「跟死掉沒兩樣」來形容雖然很觸楣頭，可是對於他那絲毫未變的表情也只能這麼形容了。

送到醫院的四十五小時後，不破終於清醒了。那時美晴剛好來探病，結果他看到美晴的第一句話竟然是這麼說的。

「妳在這種地方做什麼？」

3

除了部分的肋骨碎裂、臟器受損之外，又加上大量出血，無疑是身受重傷的狀態，然而不破依然展現了令人驚訝的恢復力。心跳、血壓沒多久就恢復到正常的數值。取出子彈的手術完成的兩天後，不破就已經能坐起來了。

不破向美晴追問自己受到槍擊時的狀況，以及後續的搜查進度。

「縣警本部正在到處查訪，遺憾的是截至目前為止都沒有獲得任何與嫌犯有關的消息。內村刑事部長也想詢問檢察官的目擊證詞。」

美晴認為不破大概無法給出太多有力的證詞。因為犯人開槍時，不破正要把頭轉向自己。

「檢察官有看到槍手的臉嗎？」

然而不破沒有回答這個問題，反而是提起另一件事。

「去幫我調閱一個人的戶籍謄本。」

「可是，現在應該立刻請內村刑事部長過來一趟。」

「待會兒再跟他說就好。現在要以這件事為優先。」

聽到不破說出來的名字時，美晴還以為自己聽錯了。

「為什麼要調那個人的戶籍謄本？」

心想不破肯定不會告訴自己原因。果然沒錯，不破一個字也沒說。

在那之後還不到一個小時，接獲不破清醒消息的內村立刻趕來問話。

「這次真的是災難一場啊，不破檢察官。」

美晴聽得出來這句話裡夾雜著幾分揶揄。他本人也直言不諱，雖然本案牽涉到府警本部的面子，但是他們還沒有原諒不破，所以心情想必十分複雜。

「事不宜遲，可以請教你遭遇槍擊時的細節嗎？」

「那麼就麻煩您了。」

內村坐在床邊的椅子上。看著不破的眼神一點也不像是在看傷患，比較像是在打量嫌犯。

「那我就直接問了。你有看到開槍的犯人嗎？」

「沒有。當時我正在和總領事務官說話，所以沒有正面朝向對方。」

「也就是說，像這樣扭轉身體嗎？請二位確認一下。」

內村當場擺出不破形容的姿勢，美晴點了頭。

「根據執刀醫師的說法，子彈是從斜前方射進胸部的。倘若當時不破檢察官正面朝向兇手，不但會貫穿要害，可能還會命中事務官。算是不幸中的大幸呢。」

美晴自己將這句話反覆思量了好幾次。每次回想起遇襲的場面，她就怕得渾身發抖，就連現在也不例外。

「是對槍法很有自信呢、還是不想讓人看到自己呢。」

內村把放大的地圖攤開在病床上給不破看。

「托卡列夫在維持高貫穿力的同時，有效射程也相對較短。凡是具備槍械知識的人都知道這件事。從斜前方瞄準目標時，槍手應該是躲在街角或行道樹後面。可是礙於射程的問題，距離應該不到十公尺。儘管如此，檢察官卻對對方的長相毫無記憶。即使沒看到臉，至少應該也知道大概的樣貌吧。」

「說來慚愧，我真的不記得了。」

他的表情一點也沒有慚愧的樣子。

美晴突然想到一件事。這個情緒如此深藏不露的人，真的沒看到槍手的臉或身形嗎？該不會其實他有看到，但是卻做了偽證吧？

內村大概也有相同的想法。他的表情一臉就是不相信不破所言的樣子。

「真的嗎？這太不像揭發大阪府警醜聞、把刀子架在六十五個警署脖子上的不破檢察官了。」

「只能說我太不小心了。」

「別這麼說。這麼一來，被那麼不小心的人一刀劃開喉嚨的我們情何以堪呢。」

說到這裡，內村抬起頭來、視線轉到美晴身上。

「那麼惣領小姐呢？案發至今已經過了兩天，有沒有想起什麼新的線索？」

問題突然丟到自己頭上，美晴一時還反應不過來。自從上次內村問完她以後，她自己也一直在腦子裡整理記憶。

槍手的目標確實是不破沒錯，但只要開槍的角度稍有偏移，或是不破沒有轉過來的話，子彈或許就會貫穿他的身體、又接著射中美晴也說不定。

換句話說，不破成了自己的盾牌。本來應該是自己要成為不破的盾牌才對。

如果這麼告訴仁科的話，她大概會用力搖晃美晴的肩膀、說這是很不恰當的想法。然而已經發生在眼前的事實，怎麼樣也無法抹去了。

自己可能也會中槍的恐懼，以及對於讓不破擋在自己前面的歉意令她無地自容。這兩天幾乎沒怎麼睡到覺。她當然痛恨槍手，所以也竭盡全力爬梳記憶、想將槍手的樣貌告訴警方。

內村說的沒錯，自己應該有看到槍手才對。但是再怎麼絞盡腦汁，都想不起槍手的樣貌。沒想到自己的記憶力這麼差，美晴苦惱得都快吐了，但又無計可施。

「對不起，我已經拚命回想了……還是想不起來。」

自己的表情想必非常窩囊吧。內村沒有像追問不破時那樣逼問她，只舉起了一隻手，示意她不用再勉強自己。

「沒關係，妳不用放在心上。」

內村安慰她，但是聽起來一點誠意也沒有。

「有沒有找到我們以外的目擊者？」

這次換成不破反過來問他，但內村搖頭。

「有釐清什麼事情了嗎？」

「不破檢察官，我明白你的心情，但這次你不是負責查案的人，而是單純的被害人。請安心靜養，搜查的事情就交給我們吧。」

「至少給我看一下射進我身體的子彈照片。」

「直接拜託為你執刀的醫師就好了吧。」

內村丟下這句話後就離開了病房。不破還是一如既往，臉上毫無表情，但美晴很快就猜到他接下來要做什麼了。只用幾句夾槍帶棍的話是不可能讓這個男人死心的。不破肯定是要拜託鑑識課的鴇田去幫他弄來搜查資料。

美晴在心裡嘆了口氣。

信念或是使命感之類的東西似乎也能提升肉體的復原速度。悠然醒轉的三天後，不破就出院、返回工作崗位了。

「可是，真的沒問題嗎？」

不破回到工作崗位的第一天就打算外出。美晴實在無法不一而再、再而三地追問。

「醫生不是說傷口才剛癒合嗎。在這種狀態下跑來跑去的，萬一傷口又裂開了怎麼辦？」

「我又不是一整天都在全力奔跑。」

雖說傷口已經癒合，並不表示就不會痛了。根據美晴詢問醫生的結果，醫生明明就說他的狀況還需要靜養一段時間。

「我不想再給對方時間了。」

美晴一時之間還反應不過來。不破大概也沒想到自己會不小心自言自語吧，而且顯然也沒有要等美晴回應的意思。

「對方是指槍手嗎？給他時間又是什麼意思？」

「我昏迷的時候，妳都在做什麼？」

「做什麼……當然是探病啊。」

「妳沒思考過襲擊我的人是誰、對方又有什麼意圖嗎？」

「我以為那是內村部長他們府警本部的工作。」

「確實有人認為我的存在很礙眼。」

「是因為檢察官揭發府警本部的醜聞，才因此被貶官或降職的警察嗎？」

「還不確定對象，但是從不惜訴諸槍擊的手段來看，這個人顯然是等不及了。如果真要殺我的話，應該選擇更不會有人經過的地方。如果是深夜時間就再好不過了。」

「什麼事情等不及了？」

奈何不破無意回答最關鍵的問題。

「總而言之，犯人急了。雖然只有幾天，但也給那傢伙爭取到了時間。不過現在我連一分鐘都不再想給他了。」

「檢察官，您到底要去哪裡？」

「我在遇襲之前想去的地方。」

不破與美晴前往位於堺市的大阪刑務所。舊堀川監獄於一九二〇年遷移到現址，經過一九九六年的改建工程後就維持到現在。換句話說，因為只是對一百年前的設施進行修繕的關係，所以建築物本身非常古老。美晴也是第一次來這裡。

關押的囚犯分成B（再犯者）、F（外國人）、LB（長期關押再犯者）三種。無論是哪一類都給人很難處理的印象。走近正門，美晴便不由得繃緊了神經。

在所內辦完手續後，他們沒等太久就被帶到接見室。室內的燈光十分昏暗，光是站在那裡就讓人覺得非常壓抑。

沒多久後，壓克力隔板的對面出現了一個男人。不破在來這裡的路上就已經稍微向她介紹過這個男人的來歷。

蜷川惠一，三十六歲，有兩次前科。因為西成區內的強盜案被判有期徒刑，兩年前開始在大阪刑務所服刑。這個人的臉上掛著輕浮的微笑，這模樣看起來，詐欺的罪名似乎比強盜還更適合他。

「好久不見啦，檢察官。」

「你還記得我啊。」

「畢竟你可是把我送進來吃牢飯的人耶，想忘也忘不了吧。更別說你可是無論被告再怎麼呼天搶地、朝著你撲過去，但你卻連眉毛都不會挑一下的人。」

蜷川一臉懷念地說著，美晴光是聽到就已經心跳加速了。

「因為你實在太不像正常人了，我反而很想見識一下你驚慌失措的樣子。」

「法庭上有法警，要是動作太大的話馬上就會被制服。」

「就算是那樣，你的冷靜程度也太不尋常了。不過官司結束後，我反而覺得能被你這種不近人情的檢察官起訴其實也不賴。」

蜷川露出玩世不恭的笑容。表情看起來還算友好。

美晴十分慶幸有壓克力隔板隔開。萬一彼此之間沒有任何遮擋，蜷川會不會又攻擊不破呢？

美晴搖搖頭，想甩掉不安。

同樣都是服刑，如果是有期徒刑，只要表現良好的話還是有假釋的機會。相反的，要是違反監獄的規定或出手傷人，假釋的可能性就會泡湯。蜷川看起來不是蠢蛋，應該明白這個道理。

「我從新聞知道囉。」

蜷川嬉皮笑臉地把頭探向前方。

「大阪府警搞丟大量搜查資料的事。會揭發那樣的醜聞，不就是不破先生會做的事嘛。」

「報導應該沒有提到我的名字。」

「監獄也有監獄裡的情報網喔。大家都喜聞樂見不破先生的活躍。畢竟這裡的人絕大多數都是在府警手中吃過虧的傢伙呢。上至府警本部長，居然有七十六人受到處分。降職、貶官、減俸……不可一世的警官大人變成一介普通公務員的瞬間，還有比這更大快人心的時刻嗎。」

「也有很多受刑人對我恨之入骨。」

「數量絕對有差喔。剛才我也說過了，明明是被你起訴，但是很不可思議，我並沒有想要復仇的感覺。」

蜷川歪了歪腦袋，樣子有些滑稽。

「大概是四年前吧，你還記得跟我一樣因為強盜罪被捕的輪島嗎？那傢伙與我同房。我們有時候會提起你的事，那傢伙的想法也跟我一樣。你不會因為我們是被告就特別瞧不起我們，只是平淡地宣讀起訴書、平淡地進行辯論。從頭到尾都面無表情，所以我們也沒必要特別激動。感覺就像是在面對會說話的機器人。」

明明是明褒暗諷，卻夾雜著一股豁達的意味，所以聽起來並不刺耳。沒想到不破那張能面在這種地方也能派上用場，天底下還有比這更諷刺的事嗎？

「實際上，就連不認識不破先生的受刑人也會為你拍手喝采呢。這也不能怪他們。誰叫大阪府警的警官大人對我們拳打腳踢是家常便飯，其中還有某些傢伙會把我們打到需要接受醫生治療的地步。大阪府警的警官無疑是這些受刑人的天敵，所以揭發大阪府警醜聞的不破先生自然就成了大家的英雄。」

敵人的敵人就是朋友的歪理。單純至極，但也因為單純至極，反而令人莞爾。

「不破先生肯定也很爽吧。畢竟你單憑一己之力就讓大阪府警的醜事被攤在陽光下。」

不破一句話也沒回。想也知道這麼明顯的挑撥是不可能讓他上勾的。

「哎呀，就是這樣、就是這樣！不破先生就是這樣的人。沒表情、沒感情、沒感動。就算與全世界為敵，肯定也能淡然處之的吧。」

這點就連美晴也同意。反過來說，就算只有一次也好，還真想見識一下不破狼狽的樣子。

「言歸正傳，這位英雄現在找我有何貴幹呢？難不成這次是想揭發大阪刑務所的醜聞嗎？如果是這樣的話，我一定會竭盡全力幫忙喔。」

站在蜷川背後的獄警皺了一下眉頭。

「有個東西想請你看一下。」

不破伸出手，於是美晴便從公事包裡拿出一個資料夾遞給他。

「你看過這個嗎？」

不破隔著壓克力板亮出來的，是那把露營刀的照片。

蜷川只看了一眼照片，隨即噗哧一笑。

「豈止看過，這本來就是我的東西啊。」

或許是相信服刑期滿就能拿回來，蜷川的食指抵在壓克力板上、強調自己的所有權。

「倒是不破先生你沒忘記吧。接受檢察官訊問的時候，你也讓我看了同一把刀的另一張照片。」

「你再仔細看一次，雖然款式相同，但真的是同一把刀嗎？」

蜷川再度把臉湊到壓克力板前，然後一臉無庸置疑地頻頻點頭。

「不會錯的，這是我用來工作的愛刀喔。我是在新世界◆的刀具專賣店買的，雖然價錢有點貴，但是使用起來很順手。」

「這不是特別訂製的刀，握柄也沒有刻你的名字。」

「即便如此，這確實是我的刀喔。你看這裡、看看刀子的尖端。看起來是不是歪歪的？」

經他這麼一說，不破把抵在壓克力板上的資料夾拿回眼前。站在背後的美晴也探出頭仔細地觀察，刀刃的尖端確實呈現出不自然的弧度。

「與道上的人幹架的時候一刀刺在鋼板上了，所以刀刃缺了一角。我是自己磨的，但畢竟是外行人，結果就磨成這種歪歪的樣子了。市面上確實不乏相同款式的刀子，但像這樣的刀子全世界應該就只有一

◆位於大阪浪速區的商圈。過去曾為內國勸業博覽會（明治時代為促進國內產業發展與培育特色出口品而舉辦的博覽會）的會場基地。日後被大阪當地財界買下、開發為新世界商圈。境內有知名地標通天閣與多條熱鬧商店街，為大阪代表性的觀光景點之一。

把。」

「你確定嗎？」

「有完沒完啊，不破先生。事到如今我還騙你幹嘛。這對我有什麼好處嗎？」

「非常感謝你的協助。」

不破毫不遲疑地站起來。

「喂，等等，不破先生。你找我就只為了這件事嗎？」

「沒錯。」

「這我可不能接受啊。為什麼事到如今還對我的刀子感興趣？拜託告訴我為什麼。」

「沒有說明的必要。」

「你也太蠻橫了吧。」

「我道過謝了。」

不破沒理會蜷川，頭也不回地走出接見室。美晴也只能跟上。

「等一下啦！」

門一關，蜷川的叫嚷便被隔絕在接見室內。美晴迫不及待地對著不破背影問道。

「檢察官，您剛才給蜷川看的照片不正是谷田貝案搜查資料裡的照片嗎？」

沒有反應。

根本不必再確認資料夾。因為他們帶來的就只有谷田貝案的搜查資料。所以當蜷川表示那把是他的刀子時，美晴打從心底大吃一驚。

「請告訴我，為什麼殺害菜摘小姐與楠葉先生的兇器會是蜷川的刀子？」

美晴下意識地伸手抓住不破的袖子。

不破終於停下腳步，轉身面向美晴。

美晴嚇了一跳。

因為不破不只轉頭，而是整個身體都轉了過來，這足以證明他的傷勢尚未痊癒。

「同一句話別讓我說那麼多遍，自己思考一下。」

「我是檢察官的事務官喔。」

「如果妳真的想成為副檢察官，就給我改掉不經思考就想馬上知道答案的壞習慣。也別動不動就一驚一咋的。剛才也是，要是讓蜷川看穿妳的表情，說不定就無法從他口中問出那句證詞了。」

「可是，您怎麼有辦法只憑露營刀的照片就聯想到蜷川？」

「妳連這個也不知道嗎？」

不破再次面向前方，沿著來時路往回走。

「蜷川最後犯下的強盜案也是在西成署的管轄內。我在西成署的資料室進行比對作業時，發現有把與谷田貝案所使用的兇器同款式的刀子。就只是這樣而已。」

又來了。

比對作業是由不破與美晴共同進行。美晴肯定也看過用來核對的搜查資料，但不破卻能注意到她沒發現的細節。在同一個時間看相同的資料，為什麼會產生這樣的差異呢？

美晴追在不破身後，感覺自己沒用極了。

「我是不是沒資格當事務官啊。」

就連自己也意想不到的喪氣話脫口而出，而且語尾還帶著泫然欲泣的震顫。

或許是察覺到異狀，不破在走廊上停下腳步。雖然沒有回過頭來，可是看到他刻意停下腳步的背影後，美晴完全管不住自己的嘴巴了。

「檢察官說的沒錯，成為副檢察官是我的目標。可是我完全比不上檢察官的萬分之一。就拿現在來說，我應該要好好地輔佐大病初癒的檢察官，卻反而礙手礙腳的。我、我是不是不適合當事務官、也不適合從事司法工作啊？」

「妳想從我口中得到什麼答案？如果我說不適合，妳就會放棄嗎？」

「檢察官是能扼殺感情的人。我認為您非常適合判斷別人的能力。」

盡情發洩後，後悔的念頭排山倒海而來。自己的行為與躺在地上胡鬧的孩子有什麼兩樣。還以為自暴自棄地暴露自己的能力不足，她就能放過自己了。

內心深處其實希望不破能否定這段話、告訴美晴她並沒有那麼不中用。希望他能出言安慰、說自己擁有身為事務官、乃至於檢察官的資質。這種心情真的太丟人了，連她自己都覺得臉皮太厚。

不破不可能不明白她這種單純至極的孩子氣心理。她也不覺得不破會因此同情自己。美晴恐怕是對最不該訴苦的對象吐了最不該吐的苦水。

現在她也被羞恥心與自我厭惡給束縛，程度與眼睜睜地看著不破在自己眼前遇襲時不相上下。

索性被徹底貶低或許還比較輕鬆也說不定——正當她開始陷入這種思緒時，背對著她的不破開口了。

「檢察官中的每一個人，都是獨立的司法機關。這件事你忘了嗎？」

「我記得。」

「既然記得，妳根本沒必要跟我比較。光是觀察大阪地檢內的情況，就不難看出每個檢察官都是依照自己的手法、風格在做事。妳只要也這麼做就好了。」

「我不該以檢察官為目標嗎？」

「老實告訴妳，我並不是什麼了不起的檢察官。這個槍傷就是最好的證明。」

「這兩件事有什麼關係？」

「要是我能更早注意到真相，就不會發生這種事了。這個傷其實是自作自受的結果。」

美晴還以為自己聽錯了。

「檢察官，您知道殺害菜摘小姐與楠葉先生的犯人是誰了嗎？」

「去做個了斷吧。」

不破再次邁開腳步。

4

「到底要帶我去哪裡啦。」

坐在後座的內村發出抗議，但手裡握著方向盤的不破自然是沒回頭。美晴無可奈何，只好替上司低頭道歉。

「我是在協助調查喔。」不破繼續直視著前方回答。

「我的遇襲案件是由刑事部長負責偵辦，既然如此，我當然有義務將我蒐集到的線索一字不漏地讓您知道。接下來要去的地方就是其中一環。」

「所以說，我們到底要去哪裡？」

「別擔心，同樣都是警察署。」

三人搭乘的車沒多久後就抵達了西成署。對於內村「為何要來西成署」的疑問充耳不聞，不破踏進警署，目的地是強行犯係。

「這不是內村刑事部長嗎？」

人在刑事部的大矢看到內村後嚇了一大跳。西成署與大阪府警經常聯手辦案，所以彼此想必認識。

「您怎麼來了？」

「我也不知道。我可以說是被不破檢察官綁過來的。」

「檢察官，您究竟想做什麼？」

即使大矢質問，不破依舊不為所動。

「請帶我們去資料室。」

「檢察官，您該不會是挾持了內村部長，又準備要翻出什麼資料吧？還是說您又想讓我們警察出什麼醜？」

美晴在旁聽著，內心充滿想把頭搖成一只波浪鼓的衝動。如果這個人會因為受到諷刺、挑撥、甚至是報復就沖昏頭，自己也不用這麼辛苦了。正因為這個人無論作為一個人、還是作為一個檢察官都悖離一般的常識，所以美晴才傷透了腦筋。

「我只是不想讓閒雜人等聽見我們的交談，沒有其他用意。另一方面又想說既然資料室是一切的開始，乾脆就在資料室裡談吧。」

或許是察覺到了什麼，內村使了一個眼色後，大矢便聽命了。

雖然是大矢在前面帶路，但眼下無疑是不破在牽著其他三個人的鼻子走。就連還不清楚事情全貌的美晴都開始疑神疑鬼了，另外兩個人就更不用說了。

無法確定不破本人是否感受到這股異樣的氣氛。因為不破雖然很了解人類的心理，卻不會把觀察力用來與別人相處。

沒多久，四人走進資料室。美晴感覺紙箱牆的高度似乎比她與不破單獨進行比對作業時要矮了點，但還是擺得亂七八糟。

不破在資料室的正中央站定，其他三個人也停下腳步。四個人一站到由搜查資料高牆所構成的空間裡，就感受到異樣的壓迫感。

「首先要先說明的就是請二位到這裡來的理由。其實我是想請內村刑事部長與大矢警部補做證。不僅如此，我還有一件事必須要向部長道歉。」

「為了什麼事？」

「偵訊時，我說我沒看見槍手。不過，其實我有猜到是誰攻擊我了。」

「你已經知道了啊！檢察官。」

內村立刻出言抗議。

「那為什麼不說呢？我應該說過吧，不管我對你再怎麼不滿，這個案子都牽涉到府警本部的尊嚴，我們一定盡全力調查。你都碰到這種事了，卻還不相信我們嗎？」

「我在被狙擊的地方看到了熟悉的身影。」

「既然如此就更該說了！」

「可是我沒有看到那個人拿槍的樣子，或許他只是剛好經過而已。我不想因為這樣就斷定對方是嫌犯。」

美晴的震驚也只持續了一小段時間。不破這個人只能用滴水不漏、萬無一失來形容，很難想像他會遺漏眼前的視覺情報。正因為滴水不漏，所以也能理解他不願輕易說出目擊到的人物。這也難怪，因為谷田貝一案就是因為對谷田貝的心證太差，才因此抓錯了人。

「基於這個原因，我想蒐集更多能說服自己的線索。」

「但至少可以告訴我你猜到的人是誰吧。」

「內村部長自己也說過，我被襲擊這件事攸關府警本部的顏面與尊嚴。一旦跟尊嚴扯上關係，人類就會變得感情用事、犯下平常絕對不會犯的錯誤。您能保證完全沒有這種可能性嗎？」

言下之意是他並未百分之百相信警察。因為發生過谷田貝的例子，所以內村一時也無法否認，更何況不破的話很有說服力。

「實不相瞞，我早在遇襲之前就在關注那個人了。不過並沒有明確的理由。」

「可是不破檢察官肯定不會毫無道理就隨便懷疑某個人。到底是什麼理由？」

「因為我始終惦記著谷田貝案。谷田貝打從一開始就有案發當時在道具屋筋與醉漢起爭執的不在場證明，千日前派出所也依報案紀錄報告了這件事，可是卻在送到搜查本部討論之前就發生了整箱資料丟失的狀況。」

大矢無地自容地斂首低眉。

「問題是，那些資料真的遺失了嗎？」

包含美晴在內，三個人的視線都集中在不破身上。

他究竟想說什麼。

「倘若搜查本部收到報案紀錄，早晚會排除谷田貝的嫌疑。反過來說，因為報案紀錄不翼而飛，導致谷田貝的嫌疑無法被排除，進而走到逮捕、送檢這一步。看在殺害須磨菜摘與楠葉峰隆的真兇眼中，如果沒有報案紀錄、讓谷田貝蒙受不白之冤，自己就能逍遙法外了。」

內村聽到這裡，雙眼露出了兇光。

「你的意思是說，真兇是與警方有關的人？」

「只有跟警方相關的人，才能以遺失的方式銷毀應該要上交給本部的報案紀錄吧。而且這個真兇還是搜查本部的人。」

「或許只是單純的搞丟罷了。」

「當然也有那種可能性。所以我是這麼想的，當初會鎖定谷田貝是兇嫌，是因為他對須磨菜摘的跟蹤騷擾行為愈演愈烈，換言之，兇手的目標是須磨菜摘，與她同居的楠葉峰隆只是不幸遭到了波及。可是如果谷田貝是無辜的，殺人動機也不是什麼跟蹤狂由愛生恨，那麼認為兇手的目標是須磨菜摘就是一種先入為主的成見。我實際拜訪過須磨家、詢問過菜摘的母親，她說菜摘沒有其他男朋友、也沒做過會招人怨恨的事。另一方面，楠葉那邊就正好相反了。他是天生的多情種，即使本人無意招惹對方，女人為他爭風吃醋的事例也不勝枚舉。甚至還有人會直接追到他工作的地方。」

「也就是說……」

「會招人怨恨、引來殺身之禍的反而是楠葉這個人，菜摘反而才是遭受池魚之殃的那一個。這麼想還比較合理。於是我便重新篩選，看看有沒有人怨恨楠葉、恨到會想要殺死他。」

「有嗎？」

「他任職的『北攝金融』的主管告訴我，與楠葉交往過的對象裡頭，有一位女性懷孕、最後自殺了。

可惜那位主管也不記得那名女性的名字，於是我就回溯到谷田貝案的半年前，去找尋女性自殺的案件。篩選的條件非常簡單，能找上楠葉工作的地方，就表示生活圈應該在大阪府內。再加上懷孕或墮胎的過去，最後剩下二十四人。其中有位女性的姓氏引起了我的注意。因為跟參與谷田貝案搜查本部的其中一位相關人員同姓。」

美晴嚥了一口口水。

原來那兩個人的共通點在這裡啊。

「就在我準備要確認這兩個人的關係時，就發生了襲擊我的事件。拜這個槍手所賜，讓我進行最後確認的時間又往後延了幾天。不過當我取得那個相關人士的戶籍謄本時，一切都真相大白了。在谷田貝案發生約一個月之前、三月二十日。有一位女性從京阪大和田站的月台上跳軌自殺，當場死亡。死者名叫大矢由梨，得年二十七歲。沒錯，大矢警部補，這位女性就是你的獨生女。」

不破的視線慢條斯理地射向大矢。

但內村搶先他一步瞪著大矢。

「他說的都是真的嗎？警部補。」

大矢露出了極為凶暴的眼神。

「我是有個名為由梨的女兒，她跳軌自殺也是事實。但是您有證據證明讓我女兒懷孕的人就是楠葉嗎？」

不破迎上大矢挑釁的視線，依舊一點波動都沒有。

「我拿由梨小姐的照片請那位主管確認過了。主管證實闖進公司的人就是由梨小姐。如果這個證詞還不夠，我也找到幫由梨小姐動墮胎手術的婦產科了，可以去求證一下。手術同意書上有她和楠葉峰隆的名字。」

「意思是說，為了幫女兒報仇，所以我殺了楠葉嗎？哼，根本就沒有證據。」

「『Grancasale 岸里』的住戶發現兩人的遺體後通報了西成署。抵達現場的派出所員警確認這是一起殺人案件，便回報西成署。接著機動搜查隊與鑑識人員率先抵達現場，再來才是強行犯係。為了避免強行犯係的人進入搜查時會破壞現場，直到驗屍與鑑識作業結束前都禁止任何人進入。」

「這是規定的作業流程，有什麼問題嗎？」

「換言之，強行犯係不可能在鑑識作業結束前就進入現場。楠葉與菜摘的命案也是一樣的。」

「沒錯。」

「即使身為強行犯係的一員，你也無法在鑑識作業結束前踏入現場一步。」

「到底要重複幾次啊。」

「那麼，鑑識人員採集到的不明毛髮之中怎麼會出現你的頭髮？」

內村瞪大了雙眼，大矢也聽得目瞪口呆。

「不明的毛髮與腳印。採集到的證物本身雖然不翼而飛，但分析數據還留在鑑識課。於是我借了一根大矢警部補的頭髮去進行 DNA 鑑定，結果發現跟資料庫裡的某根毛髮一致。也就是說，早在鑑識作業開始進行以前，大矢警部補就到過現場了。」

即使語氣帶點挑釁的意味，大矢也無從反駁。不對，是無法反駁。

「再來是同樣被搞丟的兇器露營刀。這把刀跟兩年前發生於西成區的強盜案中所使用的刀子是同一把。這一點也請目前在大阪刑務所服刑的受刑人蜷川惠一確認過了。」

當他說明刀尖處特殊的形狀是蜷川自己磨刀所致時，大矢終於閉上了嘴巴，瞪視著不破。

「推論到這裡，我開始覺得西成署發生的搜查資料大量遺失狀況其實還存在著另一個用意。大矢警部補接獲通報前就出入過案發現場的證據、絕非谷田貝所有的露營刀、以及足以證明谷田貝不在場的報案紀錄，所有可以證明谷田貝沒有犯案的證據都不見了。當這麼多的巧合同時發生，就就很難再說是巧合了。我無法不認為搜查資料的遺失其實是有人故意為之。」

「什麼！」

內村幾乎是要撲向大矢似地逼問他。

「警部補，檢察官剛才說的都是真的嗎？」

或許是無法承受內村的直視，大矢終於低下頭去。

另一方面，不破彷彿對兩人的劍拔弩張視若無睹，繼續他的說明。

「包含西成署在內，第一線的搜查員多多少少都知道有很多搜查資料不見了。獨生女被逼得走上絕路的大矢警部補為了替女兒報仇雪恨，所以擬訂了殺害楠葉的計畫。倘若購買殺傷力強大的刀械，肯定會留下蹤跡的。於是大矢警部補決定利用蜷川那把由西成署保管的露營刀。即使是蜷川持有的東西，但既然是用於行兇，就算蜷川服刑期滿也不能再還給他。蜷川的強盜案已經告終，所以誰也不會察覺到這件事。四月十五日晚上，大矢警部補潛入『Grancasale 岸里』殺害楠葉，也不得不刺死了剛好在場的菜摘。沒多久，住戶就發現出事了，並且報警，警方也隨即展開調查。谷田貝這個頭號嫌犯就在偵辦的過程中浮上檯面，只要一切順利的話，搜查本部應該會逮捕谷田貝吧。只不過，這其中還是有個不安定的要素。」

大矢彷彿已經喪失了戰意，一動也不動。美晴聽到這裡，總算明白不破要求在資料室進行說明的用意了。這麼狹小的空間根本無處可逃。而且內村也在場，大矢無法攻擊不破和美晴。簡直就是甕中鱉、袋中鼠。

「鑑識人員採集的不明毛髮與腳印裡面或許也有自己的毛髮與腳印。資料可以再找機會刪除，但實體證物一定要趕緊處理掉，否則無法放心。兇刀也一樣。雖然沒有採集到指紋，但自己確實拿來用了，沒人能保證經過進一步的分析之後不會有新的發現。這也是不安定的要素。千日前派出所提交的報案紀錄就更不用說了。正因為如此，才必須把裝滿這些證據的紙箱整個丟掉。只不過，如果只有那個紙箱不見了未免也太不自然。可是只要其他小案子的資料也一起不見的話，就不會太過可疑了。幸好搜查資料短少在西成署已經是公開的祕密了，所以大矢警部補就利用了這個機會。」

不破的說明告一段落，令人毛骨悚然的寂靜降臨在這間資料室。

大矢默默地頷首。而內村則是一臉困惑地輪流打量著不破和大矢。

「最後是用來襲擊我的托卡列夫手槍，這把槍很可能也是從西成署流出來的。暫時取出扣押的刀槍，用完以後再放回去是最簡單、也最不會留下蹤跡的方法。看來有必要調查一下扣押的東西呢。」

「您講完了嗎？」

大矢終於開口了。

「檢察官讓我們聽了這麼久的長篇大論，但都是間接證據不是嗎？您說我殺害楠葉和須磨菜摘、說我開槍射擊檢察官，全都缺乏物證。」

「大矢警部補有妻子對吧。」

「有啊，那又怎樣？」

「一般來說，大都是由妻子幫先生洗衣服、折好後再收納的吧。就算是自己的衣服，也很難在不讓妻子知情的情況下把衣服丟掉。除非收入頗豐，否則連一套衣服都不能浪費，只好先留下來再說。所以只要搜索大矢警部補的家，應該能找到可以用魯米諾試劑檢測出血液反應，或是袖口處還殘留硝煙反應的衣服吧。大矢警部補，你要繼續否認、直到那些證據被找出來嗎？還是考慮到今後的事，盡快自首呢？」

美晴愣住了。

不破希望內村在場還有另一層用意。就是讓內村這個自己人親眼目睹所有的牌被翻開、結束這一回合的瞬間。只要大矢立刻在這裡自首，就能將對府警本部造成的傷害減到最低。

或許是理解了不破的用意，內村面向大矢，目光如炬地盯著他看。

「大矢警部補，如果你堅持自己是無辜的，搜查本部就必須前往府上搜索。你打算怎麼做？」

大矢迎向內村的視線，苦撐了好一會兒，終於有氣無力地垂下頭。

「那倒不必。我願意全說出來。」

接著，他緩緩地將視線轉到不破身上。

「這樣您滿意了嗎？檢察官。」

「怎麼可能滿意。」

不破不假辭色地回應。

「你為了掩飾自己罪行所做的一切將會影響未來大大小小的訴訟程序。只要一天不破案，就會對被害人以及司法單位雙方造成損失。你不只背負了兩條人命，還有一件殺人未遂。那方面的罪行也絕對不輕，最好做好被判重刑的心理準備。」

「我早就做好覺悟了。」

「別說傻話了！」

不破的語氣有些粗暴，這令美晴嚇了一跳。

「我不是不能理解你想為獨生女報仇的心情，但你不光是為了滅口而殺害了一個無辜的女性，還為了逃過法律制裁，試圖讓一個無辜的男人蒙受不白之冤。不僅如此，為了干擾警方辦案，你甚至還讓別的案件陷入了僵局。這是罪大惡極的罪行，請不要以為你那種半調子的覺悟足以贖罪。」

這是不破第一次表露出情感上的波動。

將大矢交給內村後，不破與美晴就踏出了西成署。

當著內村的面被不破逼問到那種地步，大矢已然百口莫辯。接受偵訊時大概也沒有太多可以否認的部分吧。想必遲早會依殺害楠葉和菜摘、以及襲擊不破等案送檢。

「都結束了呢。」

美晴對著不破的背影說道，但不破卻用不悅的語氣回答。

「還沒有。等到警方收集好自白與證據，檢察官加以起訴、判決確定後，命案和槍擊案才算是真正落幕。」

「可是這麼一來，跟府警本部的合作就會變得愈來愈困難呢。現役警官的犯罪自不待言，但抓錯人、搜查資料大量遺失都是他幹的好事，這些一旦公諸於世，府警本部的名聲肯定會更加蕩然無存吧。當然，讓這一切浮上檯面的不破檢察官，往後的立場也會變得比現在更為艱難。」

不用美晴多嘴，這些事情不破應該也十分清楚。但是身為檢察官專屬的事務官，美晴覺得自己不說不行。

「就算是自作自受，警察對於告發自己人的人也不會有好臉色吧。再加上還有搜查資料大量遺失的事，雖然不至於明目張膽地唱反調，但想必是沒辦法期待雙方能順利合作了。」

不破沒有回答。然而，即使他聽到耳朵都要長繭了，提出忠告依然是屬於事務官的任務。

「不僅如此。與府警的關係一旦決裂，還會影響到其他的檢察官。這麼一來，不破檢察官可能會比以前更加孤立無援。」

為了避免事情變成那樣，至少該想一些方法來補救——然而美晴還來不及開口，居然先等到了不破的答案。

「那又怎麼了嗎？」

不理會目瞪口呆的美晴，不破繼續往前邁著步伐。

感覺好像有一盆冷水從頭上淋了下來。

事已至此，自己還有什麼好怕的呢。這不是不破再自然不過的回答嗎？

搖了兩三下腦袋後，美晴連忙追了上去。

『連續殺人鬼青蛙男』系列

上顎被勾子勾住，懸掛於大廈十三樓的一具全裸女屍。旁邊留著一張筆跡如小孩般稚拙的犯罪聲明。這是殺人鬼「青蛙男」讓市民陷入恐怖與混亂漩渦中的第一起凶殺案……

就在警察的搜查工作遲遲無進展時，接二連三的獵奇命案發生，整個飯能市陷入一片恐慌絕望……。「青蛙男」好似故意嘲笑警察地一再犯下無秩序的慘絕人寰惡行。

結局逆轉再逆轉，第八屆『這本推理小說了不起！』令評審激辯的候選之作。

連續殺人鬼青蛙男

14.8×21cm　384 頁　定價：320 元

《連續殺人鬼青蛙男》竟然拍成電影！？

出資的大股東以資金威脅導演，硬是想要干涉其中。以人道關懷為宗旨的團體，屢次要求導演撤除某些內容。此外，還有輕率的男偶像與醜聞纏身的招牌女優，一堆頭痛的問題之外，竟還發生弔詭的命案！

負責拍片的知名導演大森，將這部電影視為導演生涯遺作，會如何面對這一連串「阻礙」？

「電影」究竟是什麼？它值得讓人賭上生命嗎？

繼音樂推理小說之後，中山七里再度超越自我，推出新類型電影推理小說。

START!

14.8×21cm　368 頁　定價：320 元

一起獵奇爆炸案的現場，只留下了四處飛散的殘破遺體，以及一張勾起眾人恐懼回憶、筆跡幼稚的犯罪聲明……。那個讓眾人陷入極度恐慌的噩夢象徵，再次從黑暗中甦醒了嗎？渡瀨、古手川這對刑警搭擋將再度挺身迎戰青蛙男的殘酷惡意。在奮力追尋真相的過程中，也逐步拼湊出那隱藏在黑霧之後的衝擊事實……。

第 8 屆『這本推理小說真厲害！』的評審熱議話題作《連續殺人鬼青蛙男》正統續篇，再次逆襲！

連續殺人鬼青蛙男 噩夢再臨

14.8×21cm　384 頁　定價：350 元

『犬養隼人』系列

在東京深川警察署跟前，發現一具器官全被掏空的年輕女屍。自稱「傑克」的凶手寄出聲明文到電視臺，簡直像在嘲笑慌張失措的搜查本部。正當所有線索指向與器官捐贈相關的同時，該捐贈者的母親竟然行蹤不明……！搜查一課的犬養隼人，他的女兒也正準備接受器官移植手術，在刑警與父親之間擺盪，還必須鍥而不捨地追捕凶手……。究竟「傑克」是誰？目的是什麼？犬養該如何克服內心衝擊，揭開令人意外的真相！

開膛手傑克的告白

14.8×21cm　352 頁　定價：320 元

好人，一念之間就可能變成壞人！逆轉情勢的風暴一波波襲來！ 7 種顏色引出 7 則離奇案件！兇手該說是他還是他 !?
這次，《開膛手傑克的告白》犬養隼人擺脫「弱掉的帥哥刑警」稱號，在他洞若觀火的偵察之下，鮮烈地挖掘出沉睡於人性深處的惡念……

七色之毒

14.8×21cm　288 頁　定價：280 元

一名罹患記憶障礙的少女，在母親陪同返家的途中遭到誘拐。歹徒留下了一張畫有「哈梅爾的吹笛人」的明信片，卻未曾索求贖金。
面對如此不尋常的綁架案，犬養隱約察覺到了兩名少女之間的關聯之處。他緊咬著僅有的線索，卻遭到歹徒猖狂的追擊——眾目睽睽之下再次發生了綁架案！就在警方大感顏面掃地之時，歹徒發出了超乎想像的犯罪聲明！歹徒的目標竟是——

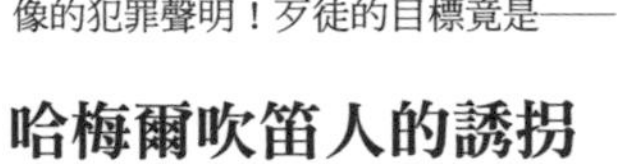

哈梅爾吹笛人的誘拐

14.8×21cm　320 頁　定價：350 元

「Doctor Death」。繼承了推廣積極安樂死之傑克 ・ 凱沃基安醫師的遺志。人皆生而平等。以低廉的代價讓人獲得安詳解脫的神秘來訪者，究竟是病患的「救世主」，還是穿著白袍的「索命死神」？
當我們來到攸關生命尊嚴的岔路時，心中搖擺不定的指針，最後會在這場艱困選擇中朝向哪一方？一連串「不存在被害者」的犯罪，到底該如何予以制裁？

死亡醫生的遺產

14.8×21cm　336 頁　定價：350 元

TITLE

能面檢察官

STAFF

出版　瑞昇文化事業股份有限公司
作者　中山七里
譯者　緋華璃

總編輯　郭湘齡
責任編輯　徐承義
文字編輯　張聿雯
美術編輯　許菩真
封面設計　許菩真
排版　許菩真
製版　明宏彩色照相製版有限公司
印刷　桂林彩色印刷股份有限公司
　　　紘億彩色印刷有限公司
法律顧問　立勤國際法律事務所　黃沛聲律師

戶名　瑞昇文化事業股份有限公司
劃撥帳號　19598343
地址　新北市中和區景平路464巷2弄1-4號
電話　(02)2945-3191
傳真　(02)2945-3190
網址　www.rising-books.com.tw
Mail　deepblue@rising-books.com.tw

初版日期　2023年3月
定價　399元

國家圖書館出版品預行編目資料

能面檢察官 / 中山七里作 ; 緋華璃譯. --
初版. -- 新北市 : 瑞昇文化事業股份有
限公司, 2023.03
304面 ;　14.8x21公分
ISBN 978-986-401-613-6(平裝)

861.57　　112001109

讀小說
Reading Novel